Tamrat Zeleke
Zuhal Turgut
Kadir Turhan

Síntese assistida por ultra-sons de novos compostos heterocíclicos

Tamrat Zeleke
Zuhal Turgut
Kadir Turhan

Síntese assistida por ultra-sons de novos compostos heterocíclicos

ScienciaScripts

Imprint
Any brand names and product names mentioned in this book are subject to trademark, brand or patent protection and are trademarks or registered trademarks of their respective holders. The use of brand names, product names, common names, trade names, product descriptions etc. even without a particular marking in this work is in no way to be construed to mean that such names may be regarded as unrestricted in respect of trademark and brand protection legislation and could thus be used by anyone.

Cover image: www.ingimage.com

This book is a translation from the original published under ISBN 978-3-659-39335-8.

Publisher:
Sciencia Scripts
is a trademark of
Dodo Books Indian Ocean Ltd. and OmniScriptum S.R.L publishing group

120 High Road, East Finchley, London, N2 9ED, United Kingdom
Str. Armeneasca 28/1, office 1, Chisinau MD-2012, Republic of Moldova, Europe
Printed at: see last page
ISBN: 978-620-7-66200-5

Índice:

AGRADECIMENTOS

Dr. Zuhal TURGUT pelo apoio contínuo ao meu estudo e investigação, pela sua paciência, motivação, entusiasmo e imenso conhecimento. A sua orientação ajudou-me durante todo o tempo de investigação e redação desta tese.

Os meus sinceros agradecimentos vão também para o Dr. Kadir TURHAN, S.Arda ÖZTÜRKCAN e Mehmet ULUER pela sua ajuda na minha investigação.

Gostaria de agradecer aos meus colegas de turma e de laboratório de Química Orgânica: Asli ÖZKAN, Ar§. Gör. Ömer Tahir GÜNKARA, Murat Emrah MAV1$ e Asli KÖPRÜCELI, pelos diferentes tipos de apoio e amizade.

Gostaria de agradecer ao Governo da República da Turquia por me ter concedido uma bolsa de estudos integral para estudar aqui.

Por último, mas não menos importante, gostaria de agradecer à minha família por me ter apoiado sempre.

maio, 2012

Tamrat ZELEKE

CAPÍTULO 1
INTRODUÇÃO

1.1 Revisão da literatura
1.1.1 Catiões Pirano e Pirílio

O pirano, ou oxina, é um composto heterocíclico de seis membros, um anel não aromático, constituído por cinco átomos de carbono e um átomo de oxigénio e que contém duas ligações duplas. A fórmula molecular é C_5H_6O. Existem dois isómeros de pirano que diferem pela localização das ligações duplas. Um catião de pirílio é um sistema de anéis conjugados de seis membros de carbono com um átomo de carbono substituído por um átomo de oxigénio com carga positiva. É, tal como o benzeno, um composto aromático, mas é reativo.

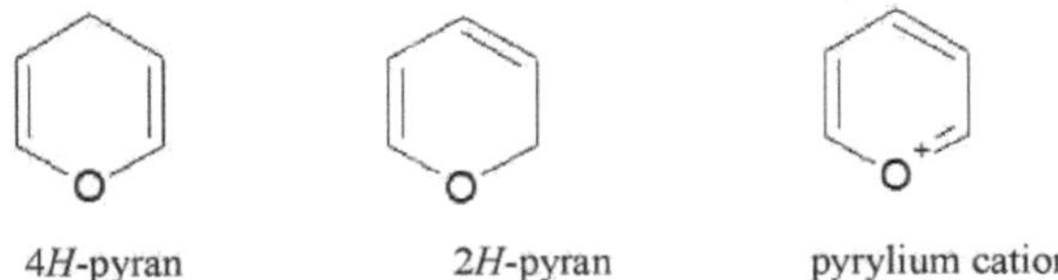

Fig 1.1 Isómeros do pirano

A redução de uma ligação dupla do pirano dá origem a dois isómeros de di-hidropirano.
A redução completa do pirano resulta em tetra-hidropirano [1].

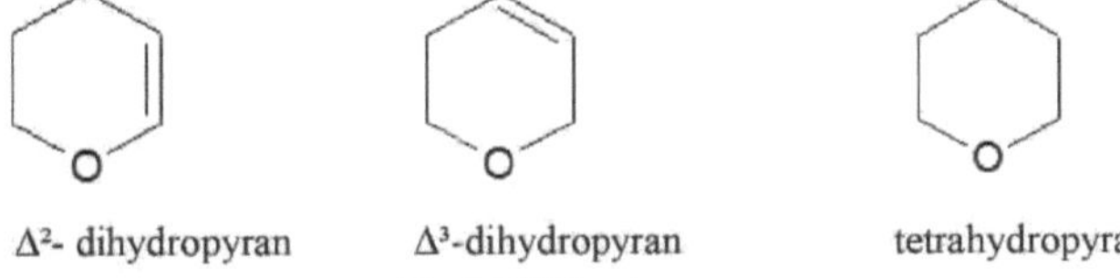

Fig 1.2 Hidropiranos

As pironas ou piranonas são uma classe de compostos químicos cíclicos que contêm um anel insaturado de seis membros com um átomo de oxigénio e um grupo funcional cetona. Existem dois isómeros, designados por 2-pirona e 4-pirona.

Fig 1.3 Isómeros de pironas

A estrutura da 2-pirona ou a-pirona é encontrada na natureza como parte do sistema de anéis cumarínicos. A 4-pirona ou y-pirona encontra-se em alguns compostos químicos naturais, como a cromona, o maltol e o ácido kójico [2].

Fig 1.4 Pironas naturalmente existentes

1.1.2 Catião benzopirano e benzopirílio

O benzopirano é um composto orgânico policíclico que resulta da fusão de um anel benzénico com um anel heterocíclico pirano. De acordo com a nomenclatura IUPAC, é designado por cromeno. Existem dois isómeros do benzopirano que variam de acordo com a orientação da fusão dos dois anéis em relação ao oxigénio, resultando no 1-benzopirano (cromeno) e no 2-benzopirano (isocromeno). Cada um deles tem também dois isómeros estruturais [3], [4].

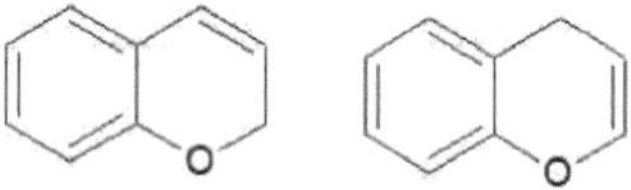

2H-cromeno4H-cromeno
(2H-1-benzopirano) *(4H-1-benzopirano)*
Fig 1.5 Isómeros estruturais do cromeno

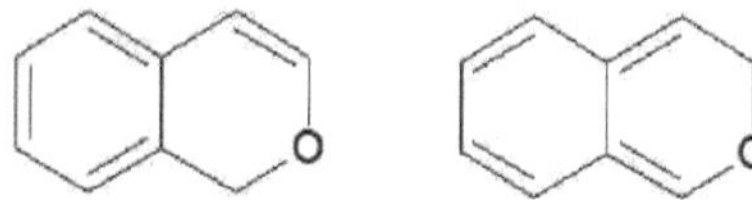

(1H-2-benzopirano) (3 *H-2-benzopirano*)
1H-isocromeno 3H-isocromeno
Fig 1.6 Isómeros estruturais do isocromeno

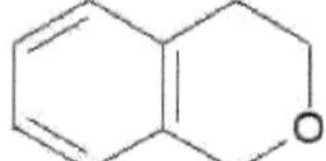

Fig 1.7 Cromano (dihidrocromeno)

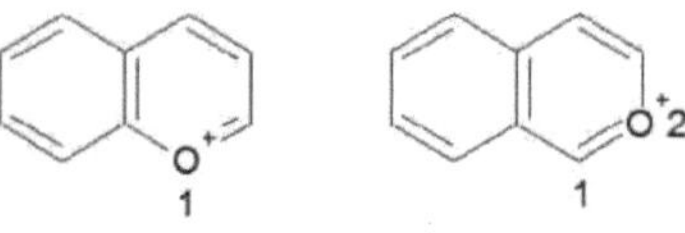

Catião   cromílioCatião cromílio
(benzo[*b*]pirílio) (benzo[*c*]pirílio)
[1-benzopirílio] [2-benzopirílio]
Fig 1.8 Isómeros do catião benzopirílio

As benzopironas ou cumarina têm um odor caraterístico que levou as pessoas a utilizá-las como aditivo alimentar e ingrediente em perfumes desde finais do século XIX. Tem sido utilizada como intensificador de aroma em tabacos de cachimbo e em certas bebidas alcoólicas, embora, em geral, seja proibida como aditivo alimentar aromatizante devido a preocupações com uma potencial toxina hepática e renal. A cumarina tem propriedades fungicidas, bem como anti-HIV, anti-tumorais, anti-hipertensão, anti-arritmia, anti-inflamatórias, anti-osteoporose, anti-sépticas e analgésicas (alívio da dor). É também utilizada no tratamento da asma. A cumarina tem sido utilizada no tratamento do linfedema. Alguns produtos químicos da família das cumarinas (mais especificamente, as 4-hidroxicumarinas) têm sido utilizados como medicamentos anticoagulantes e/ou como rodenticidas, que actuam através do mecanismo anticoagulante [4], [5], [6].

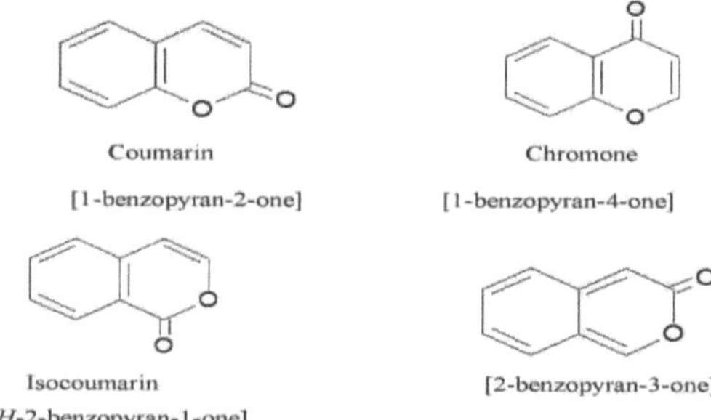

Fig 1.9 Isómeros de benzopironas

Nos últimos anos, os derivados da cumarina têm recebido uma atenção significativa devido à sua gama diversificada de propriedades biológicas, tais como acções antivirais, anticoagulantes, antibacterianas, antifúngicas, anti-HIV e anti-histamínicas. Para além das vastas aplicações biológicas da cumarina e dos seus derivados, a literatura química também inclui algumas aplicações do ponto de vista material, tais como cosméticos, agentes de branqueamento ótico, corantes fluorescentes dispersos e corantes laser. Além disso, algumas cumarinas são de interesse devido à sua toxicidade, carcinogenicidade e efeitos fotodinâmicos [7].

1.1.3 Flavonóides

Os flavonóides são os pigmentos vegetais mais importantes para a coloração das flores, produzindo uma pigmentação amarela ou vermelha/azul nas pétalas destinadas a atrair animais polinizadores. Nas plantas superiores, os flavonóides estão envolvidos na filtragem dos raios UV, na fixação simbiótica do azoto e na pigmentação floral.

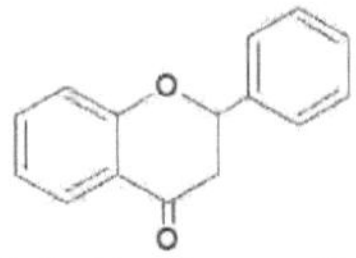

Fig 1.10 Catião Flaven e Flavylium

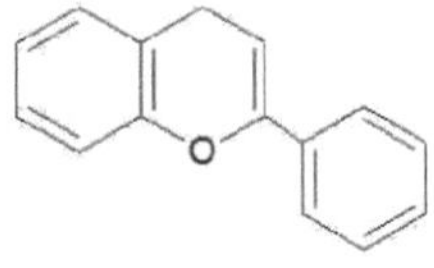

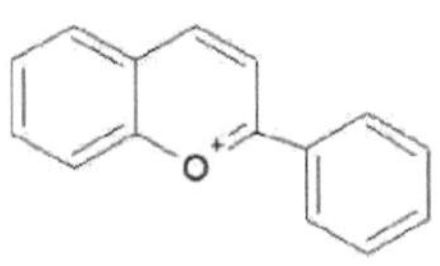

(2-phenyl -4*H*- chromene)   (2-phenyl-1–benzopyrylium)

Fig 1.11 Isómeros de flavanos

Flavan   Isoflavan   Neoflavan

(2-phenylchromane)   (3-phenylchromane)   (4-phenylchromane)

Fig l.l2 Flavanona (2, 3-di-hidro-2-fenilcromen-4-ona)

De acordo com a nomenclatura IUPAC, os flavonóides são classificados em flavonóides, isoflavonóides e neoflavonóides.

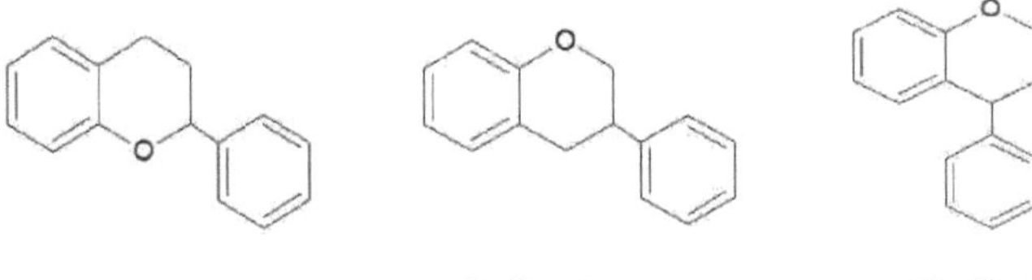

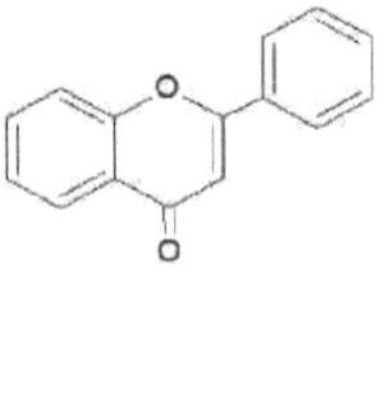

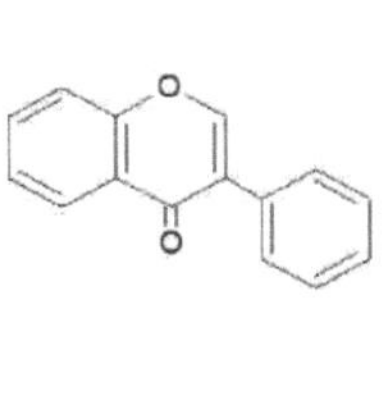

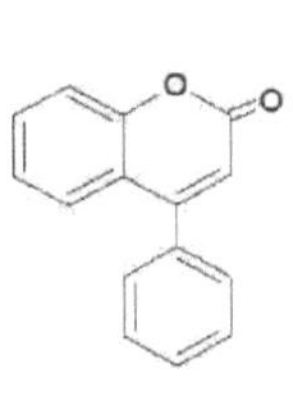

Flavone   Isoflavon   Neoflavone

(2-phenylchromen-4-one)   (3-phenylchromen-4-one)   (4-phenylcoumarine)

Fig 1.13 Isómeros de flavóides

Foram identificados mais de 4.000 flavonóides, muitos dos quais se encontram em frutos, legumes e bebidas (chá, café, cerveja, vinho e bebidas de fruta). Os flavonóides despertaram recentemente um interesse considerável devido aos seus potenciais efeitos benéficos para a saúde humana. Foi relatado que possuem actividades antibacterianas, antitoxinas e antifúngicas, antivirais, antitumorais e antioxidantes, antialérgicas e anti-inflamatórias. Os antioxidantes são compostos que protegem as células contra os efeitos nocivos das espécies reactivas de oxigénio, como o oxigénio singlete, o superóxido, os radicais peroxilo, os radicais hidroxilo e o peroxinitrito. Um desequilíbrio entre os antioxidantes e as espécies reactivas de oxigénio resulta em stress oxidativo, conduzindo a danos celulares [8], [9].

1.1.4 Xanteno e Benzoxanteno

O xanteno é um composto heterocíclico com três anéis fundidos com um átomo de oxigénio. É um composto heterocíclico com núcleo de pirano. A sua fórmula molecular é C H O. A sua massa molar é 182,22 g/mol. O seu ponto de fusão é 101-102 °C. O ponto de ebulição é 310312°C. O seu aspeto é um sólido amarelo. É solúvel em éter dietílico [10].

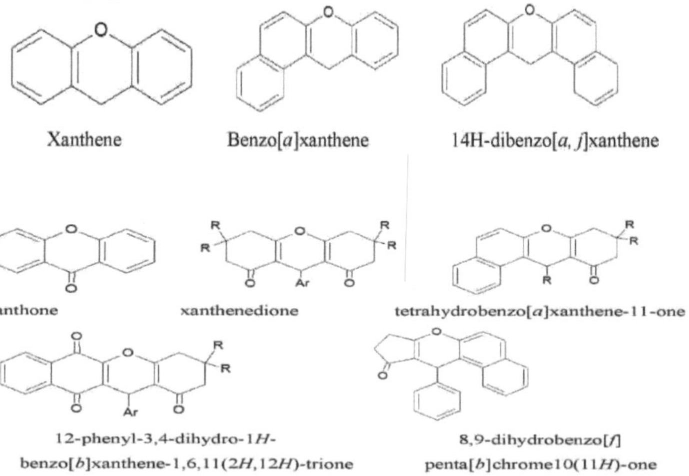

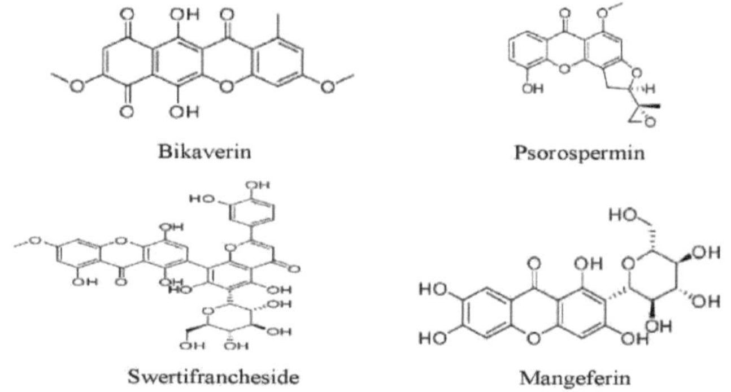

Fig 1.14 Derivados do xanteno

Existem numerosos produtos naturais com núcleo de xanteno que apresentam uma atividade biológica interessante. Por exemplo, o composto antitumoral bikaverina, é um pigmento avermelhado produzido por diferentes espécies de fungos, a maioria das quais do género Fusarium, com propriedades antibióticas contra certos protozoários e fungos. A mangeferina, isolada do fruto do mangostão, que é um antioxidante e um agente anti-viral. O composto anticancerígeno psorospermina, um produto natural isolado das raízes e da casca do caule da planta africana Psorospermum febrifugum, está mecanicamente relacionado com a família de antibióticos e antitumorais pluramicina. O composto anti-VIH swertifrancheside isolado da Swertia franchetiana [11].

Fig 1.15 Derivados de xanteno biologicamente activos

Os compostos heterocíclicos com naftopirano como unidade estrutural têm sido alvo de um interesse considerável devido à sua vasta gama de propriedades biológicas e terapêuticas interessantes, tais como actividades antivirais, antibacterianas e anti-inflamatórias, bem como sensibilizadores na terapia fotodinâmica (PDT; um método de tratamento de tumores através da utilização combinada de um fotossensibilizador e de luz). Estes compostos são também utilizados para antagonizar a ação paralisante da zoxazolamina. Devido às suas interessantes propriedades espectroscópicas, estes compostos também encontraram aplicações em corantes, materiais fluorescentes sensíveis ao pH para visualização de biomoléculas e utilidade em tecnologias laser. Como resultado, a síntese de vários novos derivados de xanteno, bem como o desenvolvimento de um método mais rápido, ecológico e eficiente para estes heterocíclicos é de grande importância [12].

Foram descritos vários métodos para a síntese de derivados de naftopirano. Em comparação com outras vias, a que emprega a reação one-pot de 0-naftol, compostos 1, 3- dicarbonílicos e aldeídos aromáticos sob várias condições tem sido considerada a mais eficiente. A reação one-pot (método multicomponente) tornou-se um dos aspectos mais importantes da Química Orgânica. A síntese one-pot consiste em submeter reacções químicas sucessivas num único reator. A reacção "one-pot" (reação multicomponente) oferece vantagens significativas em relação à síntese de passo linear único, tais como um trabalho simples, menos tempo, menos energia e menos consumo de matérias-primas. Uma vez que o método One-pot evita um longo processo de separação e purificação dos compostos químicos intermédios, pouparia tempo e recursos, aumentando simultaneamente o rendimento químico. Assim, as MCR (reacções multicomponentes) proporcionam benefícios tanto a nível económico como ambiental [13].

1.1.5 Síntese orgânica assistida por ultra-sons (UAOS)

A utilização de ultra-sons como fonte de energia que pode ser utilizada para melhorar uma vasta gama de processos químicos foi agrupada sob a designação geral de sonoquímica. Os ultra-sons são definidos como sons de uma frequência superior àquela a que o ouvido humano consegue responder. Considera-se geralmente que os ultra-sons se situam entre 20 kHz e mais de 100 MHz. A sonoquímica utiliza geralmente frequências entre 20 e 40 kHz. Porque esta é a gama utilizada nos equipamentos de laboratório comuns. Alfred L. Loomis observou os primeiros efeitos químicos dos ultra-sons em 1927, mas o campo da sonoquímica permaneceu inativo durante quase 60 anos. O renascimento da sonoquímica ocorreu na década de 1980, logo após o advento de geradores laboratoriais baratos e confiáveis de ultrassom de alta intensidade [14].

Com o aumento da consciência ambiental na investigação química e na indústria, o desafio para um ambiente sustentável exige procedimentos limpos. A síntese orgânica assistida por ultra-sons (UAOS), enquanto abordagem sintética ecológica, é uma técnica poderosa que está a ser utilizada para acelerar as reacções orgânicas. UAOS pode ser extremamente eficiente e é aplicável a uma ampla gama de sínteses práticas. As características notáveis da abordagem por ultra-sons são as taxas de reação melhoradas, a formação de produtos mais puros em rendimentos elevados, a manipulação mais fácil e considerada um auxiliar de processamento em termos de conservação de energia e minimização de resíduos que, em comparação com os métodos tradicionais, esta técnica é mais conveniente tendo em conta os conceitos de química verde. No entanto, a utilização de ultra-sons em sistemas heterocíclicos não está totalmente explorada. Apenas alguns relatos estão disponíveis na literatura sobre a aplicação de ultrassom na síntese de derivados de naftopirano [15], [16], [17]. A fim de expandir a aplicação de ultra-sons na síntese de compostos heterocíclicos, planeámos desenvolver um método geral, eficiente e amigo do ambiente para a síntese de hidrobenzo[f]cromen-2-il fenil metanona.

1.1.6 Triflatos

O trifluorometanossulfonato, também conhecido pelo nome trivial de triflato, é um grupo funcional com a fórmula $CF_3SO_3^-$. O anião triflato, $CF_3 SO_3^-$ é um ião poliatómico extremamente estável, sendo a base conjugada do ácido triflico ($CF_3 SO_3 H$), um dos ácidos mais fortes conhecidos. Um grupo triflato é um excelente grupo de saída utilizado em certas reacções orgânicas.

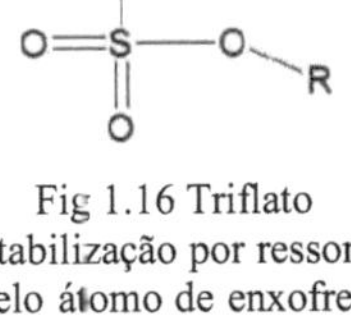

Fig 1.16 Triflato

O anião triflato deve a sua estabilidade à estabilização por ressonância, que faz com que a carga negativa se distribua pelos três átomos de oxigénio e pelo átomo de enxofre. Uma estabilização adicional é conseguida pelo grupo trifluorometilo como um forte grupo retirador de electrões.

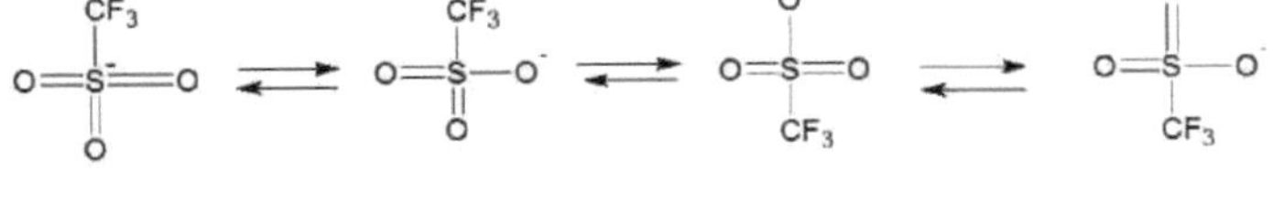

Fig 1.17 Estabilidade mesomérica do triflato

Os sais de triflato metálico são termicamente muito estáveis com pontos de fusão até 350°C, especialmente na forma isenta de água. Podem ser obtidos diretamente a partir do ácido triflico e do hidróxido de metal ou do carbonato de metal em água. Em alternativa, podem ser obtidos a partir da reação de cloretos metálicos com ácido triflico puro ou triflato de prata, ou a partir da reação de triflato de bário com sulfatos metálicos em água.

$$MCl_n + n\ HOTf \rightarrow M(OTf)_n + n\ HCl$$

$$MCl_n + n\ AgOTf \rightarrow M(OTf)_n + n\ AgCl \downarrow$$

$$M(SO_4)_n + n\ Ba(OTf)_2 \rightarrow M(OTf)_{2n} + n\ BaSO_4 \downarrow$$

Os triflatos de lantanídeos do tipo $Ln(OTf)_3$ (em que Ln = La, Ce, Pr, Nd, Sm, Eu, Gd, Tb, Dy, Ho, Er, Tm, Yb, Lu, Y) são utilizados como ácidos de Lewis em síntese orgânica devido à sua estabilidade em comparação com catalisadores típicos como $AlCl_3$, BF_3 , SnCU, etc., que são instáveis em água. Enquanto a maioria dos ácidos de Lewis são decompostos ou desactivados na presença de água, os triflatos de lantanídeos são estáveis e funcionam como ácidos de Lewis em soluções aquosas. Uma quantidade catalítica de $Ln(OTf)_3$ é suficiente para completar as reacções na maioria dos casos [18].

A utilização de triflatos de lantanídeos tem proporcionado muitas vantagens na síntese orgânica. Os triflatos de lantanídeos são catalisadores suaves e selectivos, que têm sido amplamente utilizados em reacções de formação de ligações CC e C-X, incluindo reacções de Friedel-Crafts, Baylis-Hilman, nitração aromática e Diels-Alder. Em contraste com os ácidos de Lewis clássicos, que são frequentemente necessários em quantidades estequiométricas, os triflatos de lantanídeos promovem facilmente uma série de reacções em quantidades catalíticas [19].

Os triflatos de metais de terras raras, um novo tipo de ácido de Lewis, foram amplamente aplicados na síntese orgânica como catalisadores devido à sua baixa toxicidade, elevada estabilidade, facilidade de manuseamento, tolerância à água e capacidade de recuperação da água. Além disso, os triflatos de lantanídeos podem ser recuperados e reutilizados sem perda de atividade. Assim, os triflatos de lantanídeos são catalisadores amigos do ambiente [20]. Os triflatos de $Yb(OTf)_3$, $Sr(OTf)_2$, $Zr(OTf)_3$ e prolina foram utilizados como ácido de Lewis para catalisar a síntese de derivados de nafifopirano [19], [20], [21], [22]. Estes relatórios mostraram que os triflatos de metais de terras raras são eficientes catalisadores para a síntese de derivados naftopirânicos. Com base nestes relatos, pretendemos utilizar o $Cu(OTf)_2$ como catalisador para a síntese de novos derivados naftopirânicos.

1.2 Objetivo do trabalho

Os compostos heterocíclicos com naftopirano como unidade estrutural possuem actividades biológicas e terapêuticas. Podem atuar como antimicrobianos, antitumorais, antifúngicos, citotóxicos, antioxidantes, anti-inflamatórios, antivirais e sensibilizadores em terapia fotodinâmica. Podem também ser utilizados como corantes, materiais fluorescentes sensíveis ao pH para visualização de biomoléculas e em tecnologias laser. Devido a estas excelentes propriedades, foi relatada a síntese de muitos derivados de naftopirano, especialmente com o xanteno. Não existem relatos sobre a síntese da hidrobenzo[f]cromen-2-il fenil metanona. Assim, o nosso objetivo foi desenvolver um método para sintetizar novos derivados de naftopirano através da condensação num único local de vários aldeídos aromáticos substituídos com 0-naftol e compostos de 1, 3-dicarbonilo na presença de triflato de cobre como catalisador sob aquecimento convencional ou irradiação ultra-sónica.

1.3 Hipótese

Sete novos derivados de naftopirano que podem mostrar actividades biológicas foram sintetizados a 80° C em 2h sob irradiação ultra-sónica. O método é muito importante, uma vez que é ambientalmente amigável.

CAPÍTULO 2
PREPARAÇÃO DE DERIVADOS DE XANTENO

2.1 Síntese de derivados de xanteno

Chih-Wei Kuo e Jim-Min Fang relataram que os benzaldeídos e as acetofenonas sofrem reacções de acoplamento intramolecular fenil-carbonilo, por mediação de diiodeto de samário e hexametilfosforamida (HMPA), para obter xantenos com substituintes carbonilo e hidroxilo. Com a mediação de (CuOTf)$_2$, C H$_{66}$ e Cs$_2$ COs, o 3-(dimetoximetil) fenol sofre uma reação de acoplamento com o 2- bromobenzaldeído para obter la com um rendimento de 72%, após hidrólise da fração do dimetilacetal. O acoplamento do 3-(dimetoximetil) fenol com a 2-bromoacetofenona, seguido de hidrólise, também produziu o composto lb com um rendimento de 83% (Fig. 2.1).

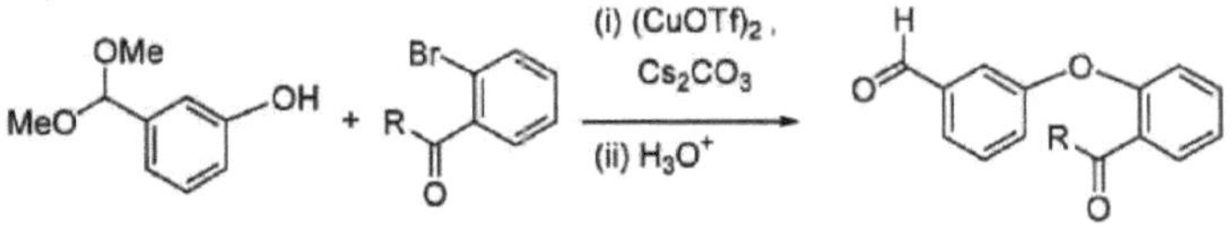

Fig 2.1 Preparação do éter difenílico

A reação de acoplamento intramolecular fenil-carbonilo é obtida por adição lenta de uma solução de la em THF à solução púrpura de Sml$_2$ / hexametilfosforamida (HMPA) em THF a O° C (Fig. 2.2). Após agitação à temperatura ambiente durante 2 horas, a mistura reacional é tratada com uma solução de NH$_4$ Cl e exposta ao ar para fornecer o passo oxidativo final para regenerar a aromaticidade, dando o xantenocarbaldeído 2a em 81% de rendimento. O composto 2a decompõe-se gradualmente em repouso (mesmo no frigorífico); é assim convertido nas xantonas estáveis 3a e 3b por oxidação com dicromato de piridínio (PDC) ou KMnO4.

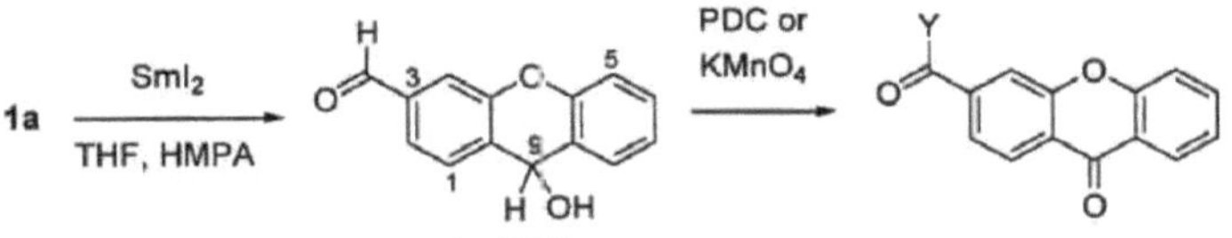

Fig 2.2 Reacções de acoplamento fenil-carbonilo

Em condições de reação semelhantes, a ciclização de lb é menos eficaz, dando um rendimento de 38% de xantenocarbaldeído 2b, juntamente com uma recuperação de 12% de lb. O presumível intermediário B de Sm(HI)-enolato é capturado por alquilação com brometo de benzilo para dar 4 de uma forma estereosselectiva. A reação de acoplamento intramolecular pode ocorrer através do estado de transição A, seguido de alquilação do intermediário B através da face menos impedida, para dar 4[23].

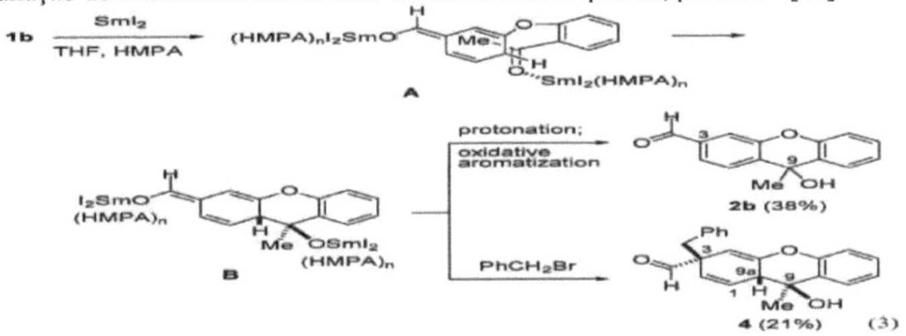

Esquema 2.1

Kentaro Okuma e colaboradores relataram a síntese de xantenos a partir da reação de salicilaldeídos com benzina preparada a partir de triflato *de o-trimetilsililfenilo* e CsF (fluoreto de césio) para obter xantenos e xantonas [24].

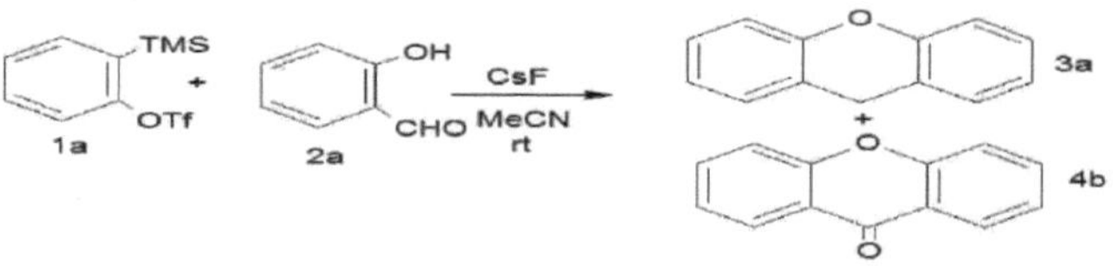

Fig 2.3 Reação de salicilaldeídos com benzina na presença de CsF Quando a reação foi efectuada em condições básicas, obtiveram-se 9-hidroxixantenos (xantóis) com bons rendimentos (R=H, 91%).

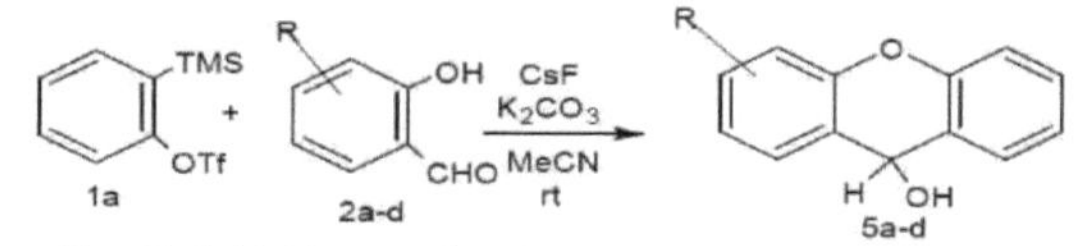

Fig 2.4 Reação de salicilaldeídos com benzina na presença de CsF em condições básicas.
Yanzhon Li e colaboradores relataram a síntese de xantenos com vários reagentes benzilantes e fenol na presença de reacções promovidas por micro-ondas catalisadas por ferro. Os acetatos de benzilo, os brometos de benzilo e os carbonatos de benzilo são reagentes de benzilação adequados [25].

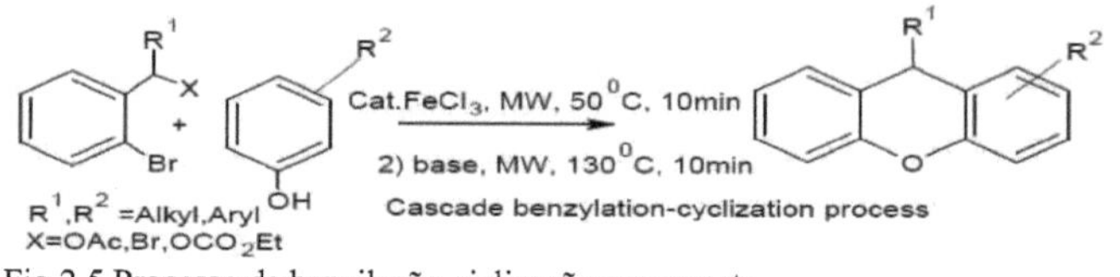

Fig 2.5 Processo de benzilação-ciclização em cascata.
A xantenodiona é também sintetizada através da condensação de aldeídos coml, 3- ciclohexanodionas na presença de vários catalisadores (Esquema 2.2), tais como $ZrO(OTf)_2$ [21], nanopartículas de Fe O_{34} [26], Montmorillonite KlO [27], TMGT/TFA [28], ácido sulfúrico de sílica [29] e $InCl_3$ [30].

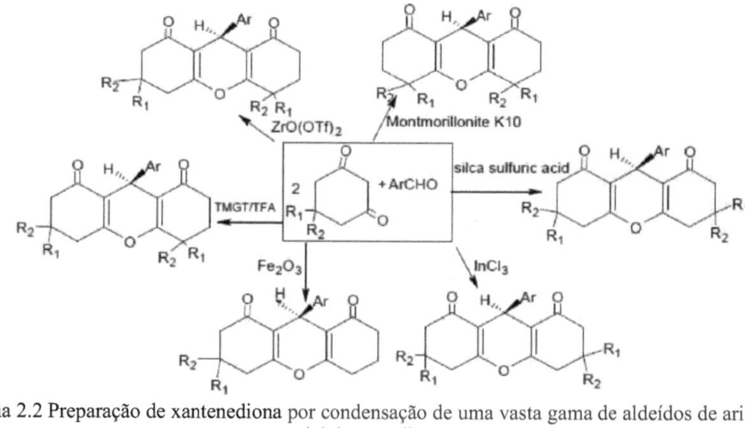

Esquema 2.2 Preparação de xantenediona por condensação de uma vasta gama de aldeídos de arilo e 1, 3-ciclohexanodionas.

2.2 Síntese de derivados de benzoxanteno

Ronand G. Harvey e colaboradores sintetizaram o benzoxanteno enquanto investigavam uma abordagem alternativa para o *7H-benzo*[c]flúor (BcF), um componente principal do alcatrão responsável pela formação dos aductos de ADN. A alquilação da enamina da ciclo-hexanona pelo 2-bromo metil naftaleno deu origem à 2-(2 naftilmetil) ciclo-hexanona. A desiderogenação da 2-(2-naftilmetil) ciclo-hexanona sobre um catalisador de paládio-carvão vegetal a 10%, refluxando em trigilme a 240 C, dá 2-(2-naftilmetil)fenol e convertido em triflatos por tratamento com anidrido de ácido sulfúrico de triflouro metano e 2,6-lutidina. A reação do triflato correspondente, LiCl, e DBU com cloreto de bis(trifenilfosfina)paládio (O.lequiva) em DMF a 145 C dá um sólido branco com mp 88-89 C (esquema 2.3). O novo produto foi identificado como 7H benzo[c]xanteno [31].

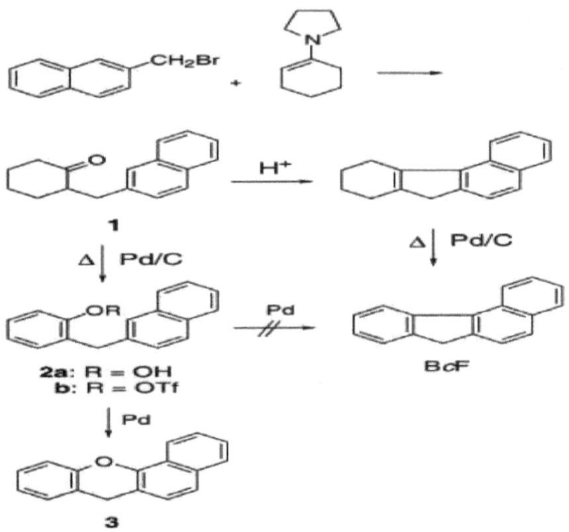

Esquema2.3 Síntese dobenzo[c]xanteno

A reação entre a 2-tetralona e os 2-hidroxiarilaldeídos produz 12H- benzo[a]xantenos em condições ácidas [32].

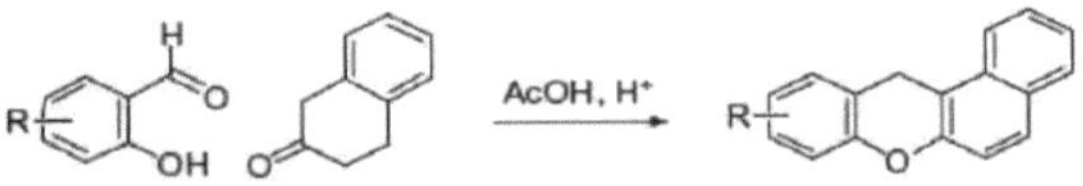

Fig 2.6 Reação de aldeídos 2-hidroxiaromáticos com 2-tetralona

A síntese de 8, 9, 10,12-tetrahidrobenzo[a]xanteno-11-ona foi desenvolvida por ciclocondensação de três componentes de aldeídos, 0-naftol e compostos cíclicos de 1,3-dicarbonilo na presença de vários catalisadores (esquema 2.4), tais como triflato de prolina [22] triflato de estrôncio [20], cloreto de índio (III) ou pentóxido de fósforo [33], nitrato de amónio cérico (CAN) [34] e ácido dodecatungstofosfórico (PWA) [35].

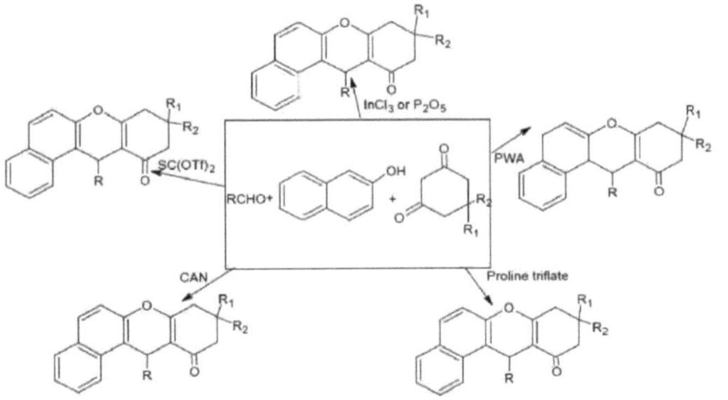

Esquema 2.4 Preparação de
derivados de 8, 9, 10, 12-tetrahidrobenzo[a]xanteno-ll-ona

Weike Su e colaboradores conseguiram sintetizar o benzo [c]xanteno a partir do a-naftanol [22].

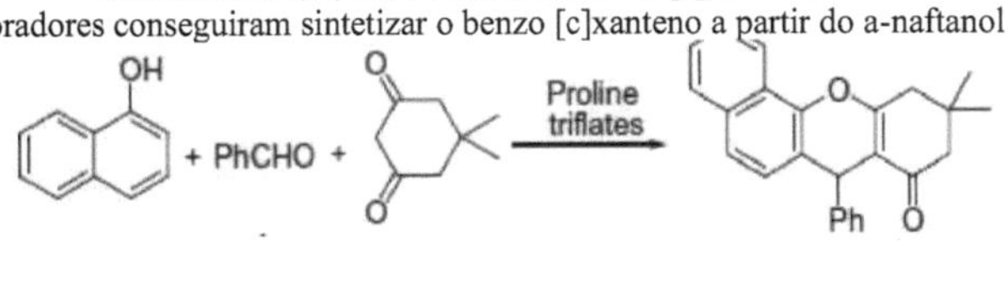

Esquema 2.5 Reação de a-naftol, aldeído e compostos de 1,3-dicarbonilo
catalisada por triflatos de prolina

2.3 Síntese de derivados de dibenzoxanteno

Os *14-aril-14H-dibenzo*[a.j]xantenos e produtos afins foram preparados pela reação de 0-naftol com
formamida, 2-naftol-1-metanol e monóxido de carbono. Recentemente, a síntese do dibenzoxanteno e dos
seus análogos foi obtida pela condensação de aldeídos com 0-naftol na presença de vários catalisadores
(esquema 2.6), tais como AcOH-H_2SO_4 , p-TSA, $MeSO_3H$, ácido sulfâmico, líquido iónico,
iodo, heteropoliácido, ácido sulfúrico de sílica, Amberlyst-15, cloreto cianúrico, LiBr, $CoPy_2Cl_2$, $Yb(OTf)_3$
, $Sc[N(SO\ C_{28\ Fi})]_{723}$, $NaHSO_4$ e $Al(HSO)_{43}$ [36].

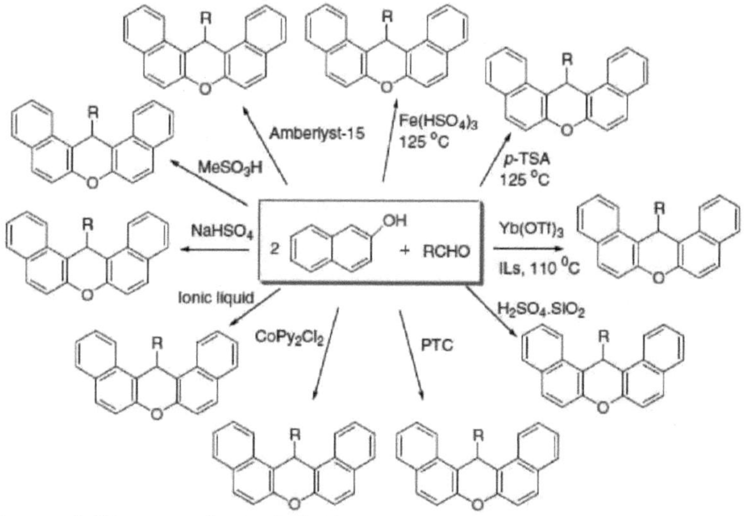

Esquema 2.6 Preparação de 14-substituídos-14H-dibenzo[*a,j*] xantenos por condensação
de 2-naftol e aldeídos.

CAPÍTULO 3
UTILIZAÇÕES DOS DERIVADOS DE XANTENO

Os xantenos e os benzoxantenos são importantes compostos heterocíclicos biologicamente activos, que possuem propriedades antivirais, antibacterianas, anti-inflamatórias, antiplasmodiais, anticancerígenas e antioxidantes. Também estão a ser utilizados como antagonistas da ação paralisante da zoxazolamina e na terapia fotodinâmica. Para além disso, podem ser utilizados como corantes, indicadores de pH intracelular, sondas moleculares em biologia química e materiais fluorescentes para visualização de biomoléculas, em tecnologias laser. Consequentemente, o desenvolvimento de novos métodos para a síntese destes compostos heterocíclicos tem sido objeto de um interesse considerável nos domínios orgânico e medicinal [22], [36], [37].

3.1 Actividades biológicas de derivados de xanteno

3.1.1 Atividade anticancerígena

As xantonas e os xantenos são dibenzopiranos tricíclicos com diversas propriedades físico-químicas e farmacológicas. As xantonas são activas contra uma variedade de agentes patogénicos e são promissoras para utilização como antioxidantes, antineoplásicos, vasodilatadores e anti-inflamatórios. Na maioria dos casos, o mecanismo de ação não é conhecido, o que complica muito o processo de descoberta de medicamentos. Recentemente, Na e colaboradores comunicaram a síntese de vários análogos da xantona que são citotóxicos para as células cancerosas in vitro. Surgiram vários outros estudos que mostram que as xantonas substituídas são citotóxicas para as células cancerosas. David M. Ferguson e colaboradores também sintetizaram uma série de xantenos substituídos e analisaram a sua atividade contra três células cancerígenas bem conhecidas [próstata (DU-145), mama (MCF-7) e cervical (HeLa)].([N,N-dietil]-9-hidroxi-9-(3-metoxifenil)-9H-xanteno-3-carboxamida) foi encontrado para inibir
crescimento das células cancerosas com valores de IC_{50} que variam entre 36 e 50 ¿tM nas três linhas de células cancerosas [38].

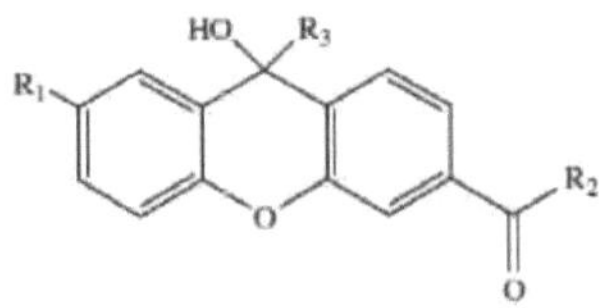

R_1=H, R_2= Diethylamine, R_3= –Ph(3-OMe)

Fig 3.1 Derivado de xanteno citotóxico para células cancerosas

3.1.2 Inibidores da tripanotiona redutase e agentes potenciadores da cloroquina

As moléculas baseadas na fração 9,9-dimetilxanteno têm potencial como inibidores da tripanotiona **redutase** e agentes potenciadores da CQ e apresentam atividade antimalárica e potenciadora da CQ. Os protozoários parasitas Trypanosoma e Leishmania, responsáveis pela doença do sono africana nos seres humanos (nagana no gado), pela doença de Chagas e pela leishmaniose, utilizam o sistema tripanotiona/tripanotiona redutase (TryR) para a manutenção de um ambiente redutor intracelular. A inibição eficaz da TryR deve comprometer a capacidade dos parasitas de se defenderem contra moléculas reactivas de oxigénio, como o peróxido de hidrogénio e os radicais hidroxilo, agentes conhecidos por destruírem o ADN e as membranas celulares. Os derivados de xanteno (fig. 3.2) demonstraram um potencial como inibidores da tripanotiona redutase (TryR).

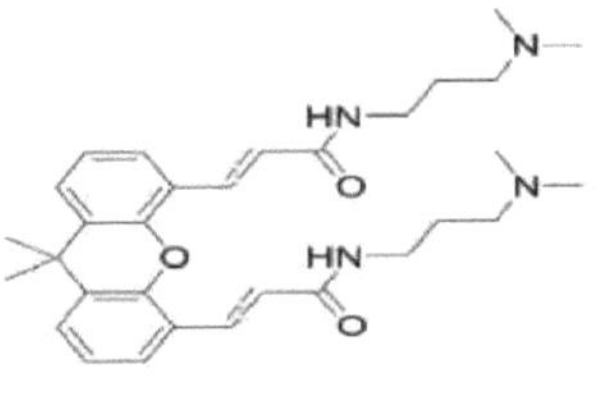

Fig 3.2 Inibidor da tripanotiona redutase (TryR)

Vários derivados de xanteno aumentam a acumulação de CQ e os efeitos potenciadores numa estirpe resistente de Plasmodium falciparum e alguns deles apresentam também uma forte atividade antimalárica intrínseca. A malária causada pelo Plasmodium falciparum continua a ser uma grande ameaça para a saúde em todo o mundo tropical. Embora a procura potencial de antimaláricos seja elevada, a resistência do Plasmodium falciparum aos medicamentos constitui um problema importante. Os medicamentos de primeira linha anteriores, como a cloroquina (CQ), tornaram-se completamente ineficazes na maioria das zonas endémicas. Uma vez que os parasitas resistentes da malária acumulam menos CQ do que os parasitas sensíveis, os agentes químicos que aumentam a acumulação de CQ nos parasitas resistentes têm potencial como agentes de inversão da resistência à CQ. Quando co-administrados com CQ, os derivados de xanteno (fig. 3.3a, b, &c) mostraram um aumento de 5-6 vezes na acumulação de CQ numa estirpe de Plasmodium falciparum resistente à CQ. A combinação de derivados de xanteno (fig. 3.3a e c) com CQ mostrou efeitos de inversão ou potenciação da resistência numa estirpe resistente de Plasmodium falciparum e inverteu completamente a resistência das células à ação citotóxica da CQ. As sulfonamidas derivadas do xanteno [fig. 3.3c (R=SO2PhMe)] apresentaram uma forte atividade antimalárica [39].

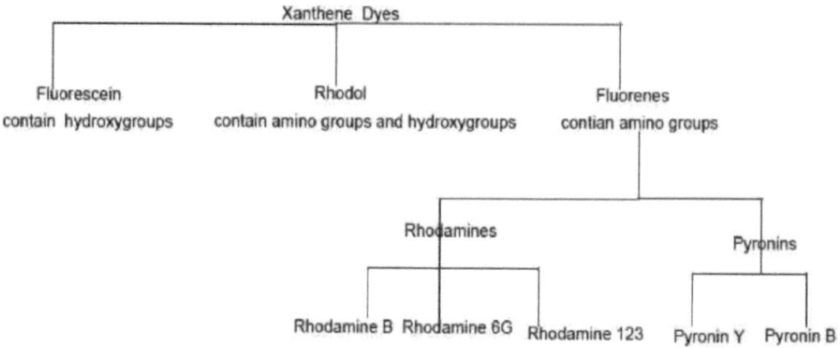

Fig 3.3a

R^1=Me, R^2=Me,n=2

R^1 =H,R^2=1,n=1

Fig 3.3b

Fig 3.3c

(R=SO$_2$PhMe, SO2 (2-Naphthalene)

Fig 3.3a,b,c Agentes potenciadores da cloroquina

3.2 Utilizações como corante

Os xantenos constituem uma importante classe de corantes sintéticos amplamente utilizados. A maior parte deles apresenta três grupos ácido-base: dois sítios fenólicos e um sítio carboxílico. Dado que os corantes xantenos apresentam uma forte atividade antimicrobiana sob foto-irradiação, têm aplicações potencialmente valiosas na alimentação, na medicina e no ambiente. São habitualmente utilizados como corantes nas indústrias alimentar, cosmética e têxtil. Estes corantes sintéticos constituem uma das classes mais importantes de aditivos alimentares, porque são mais fáceis de produzir, são menos dispendiosos e têm melhores propriedades corantes do que os corantes naturais de origem vegetal, animal e mineral. Estes corantes são submetidos a um controlo rigoroso da sua toxicidade antes de serem aprovados para utilização. A utilização destes aditivos é objeto de um controlo rigoroso na maioria dos países. Entre os corantes, a floxina B e a eritrosina B são aprovadas para utilização nos Estados Unidos; a eritrosina B na UE; e o rosa bengala, a floxina B e a eritrosina B no Japão [40]. Os derivados de xanteno sofrem uma rápida ativação quando expostos à luz, levando à formação de oxigénio singlete e aniões superóxido. Assim, quando os insectos ingerem um fotossensibilizador e são depois expostos à luz, os seus sistemas de desintoxicação ficam sobrecarregados e, consequentemente, morrem. Os corantes xantenos representam uma família de fotossensibilizadores que têm sido amplamente testados como foto-inseticidas para controlar a mosca da fruta [41].

Xanthene Dyes

Fluorescein
contain hydroxygroups

Rhodol
contain amino groups and hydroxygroups

Fluorenes
contian amino groups

Rhodamines

Pyronins

Rhodamine B Rhodamine 6G Rhodamine 123 Pyronin Y Pyronin B

Fig 3.4 Corantes xantenos

3.2.1 Derivados de fluoresceína

A fluoresceína é um dos corantes xantenos mais utilizados devido à sua elevada absorção de luz e elevado rendimento de fluorescência. É utilizada como sonda fluorescente em investigações médicas, na análise química e na indústria. Alguns derivados interessantes da fluoresceína são xantenos bem conhecidos, como a eosina Y, a eritrosina B e o rosa bengala. Estes compostos são utilizados na análise celular, no diagnóstico e na indústria como corantes comerciais [42]. A fluoresceína é um fotossensibilizador fraco, mas substituindo alguns dos hidrogénios por halogenetos, estes compostos tornam-se fotossensibilizadores eficientes. Os fotossensibilizadores geram espécies reactivas de oxigénio, como o oxigénio singlete, que oxidam moléculas biológicas, incluindo lípidos, proteínas e ácidos nucleicos, levando à morte das células bacterianas [40].

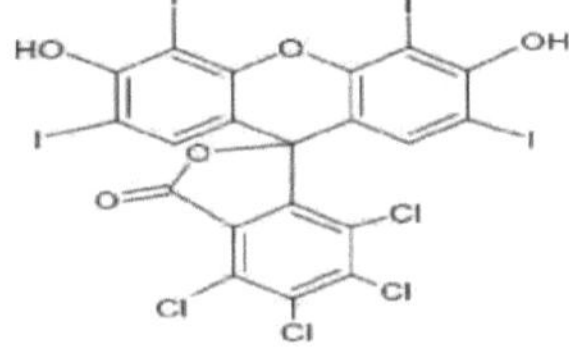

Fig 3.5 Estrutura geral da Fluoresceína

Quando A=H, B=H, Fluoresceína, utilizada no traçado de correntes subterrâneas no mar e nos rios e como marcador em acidentes. Quando A=Br, B=H, torna-se eosina amarelada. A eosina é utilizada para tingir a seda e a lã. Quando A=I, B=H, transforma-se em eritrosina B que é utilizada como aditivo alimentar e foto-inseticida. Quando A=I, B= Cl, transforma-se em rosa bangal, que é utilizada para diagnosticar o cancro do fígado e dos olhos. Também é utilizado como inseticida. Quando A=Br, B=Cl, obtém-se Phloxine B, que é utilizado como corante em alimentos, medicamentos, cosméticos como batons e foto-inseticida. É utilizada em produtos como corantes biológicos, tintas e vernizes para revestimento e tingimento de papel.

Erythrosin B

Phloxine B

Eosine Y

Eosine B

Rose Bengal

Fig 3.6 Derivados da Fluoresceína

3.2.2 Rodaminas

Os corantes de rodamina são amplamente utilizados em aplicações biotecnológicas, como a microscopia de fluorescência, a citometria de fluxo e a espetroscopia de correlação de fluorescência. Apresentam também atividade antiviral e antimalárica. As rodaminas são utilizadas para tingir papéis. São igualmente utilizadas para tingir a seda, o algodão e a lã mordente com tanino, quando são necessários efeitos de fluorescência de tonalidade brilhante. Estes corantes são utilizados numa vasta gama de aplicações, por exemplo, como corantes biológicos, sensibilizadores, sondas fluorescentes, agentes de rastreio e corantes laser. Os corantes de rodamina são amplamente utilizados para tingir materiais no sector têxtil e dos plásticos.

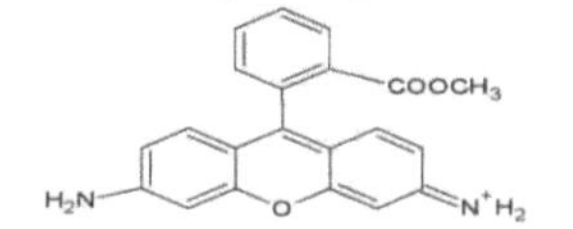

A primeira síntese da rodamina B foi efectuada por Noelting e Dziewonski em 1905. A rodamina B, cloreto de 9-(2carboxifenil)-3, 6-bis(dietilamino)xantílio, pertence à classe dos corantes xantenos, que são extremamente solúveis em água. É amplamente utilizado como corante para tecidos, pigmento em medicamentos e preparações cosméticas. É um reagente analítico para metais, um reagente de tingimento na fluorescência celular, um agente de rastreio em estudos de poluição da água e um marcador de cor em pulverizações de herbicidas, vidro colorido, tingimento de seda, lã, juta, couro e algodão. São frequentemente utilizados como corante marcador na água para determinar a velocidade e a direção do fluxo e do transporte. As provas demonstraram que os corantes de rodamina têm um potencial cocarcinogénico ou carcinogénico para os animais e os seres humanos. A rodamina B é perigosa se ingerida por seres humanos e animais, causa irritação na pele, nos olhos e no trato respiratório. A carcinogenicidade, a toxicidade para a reprodução e o desenvolvimento, a neurotoxicidade e a toxicidade crónica para os seres humanos e os animais foram comprovadas experimentalmente. Por conseguinte, o RB foi amplamente proibido como corante alimentar em todo o mundo [43].

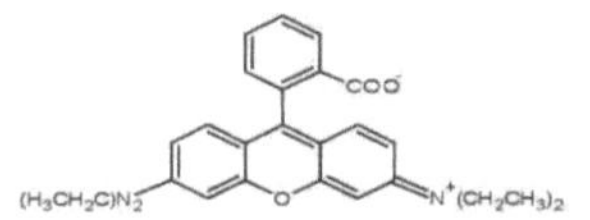

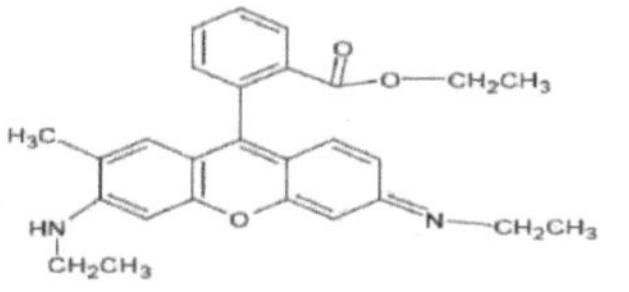

O éster etílico da rodamina B (rodamina 6G) foi utilizado num dos primeiros corantes laser e continua a ser um corante laser comumente utilizado. A rodamina 6G, com a estrutura química representada na Fig. 3.7, é um derivado dos corantes xantenos, que é altamente solúvel em água. Trata-se de um dos corantes sintéticos mais antigos e mais utilizados como corante em têxteis e géneros alimentícios. A maioria dos corantes sintéticos é cancerígena e outros, após transformação ou degradação, produzem compostos como as aminas aromáticas, que podem ser cancerígenas ou tóxicas [44].

A rodamina 123 tem sido utilizada para a localização de mitocôndrias nas células vivas. As primeiras investigações sobre a potencial utilização da rodamina 123 na quimioterapia do cancro foram publicadas em 1983. Foi demonstrado que, em doses não letais, a rodamina 123 apresentava uma atividade antitumoral significativa e mensurável em ratos. No entanto, outros estudos de toxicidade demonstraram que as concentrações necessárias para produzir efeitos antitumorais eram também citotóxicas para os fibroblastos normais. O papel da rodamina 123 estritamente como agente quimioterapêutico para o cancro parece ser limitado. No entanto, mais prometedor é o potencial da rodamina 123 como foto-sensibilizador de células tumorais. A primeira utilização neste contexto, combinada com o laser de árgon, foi comunicada em 1986. A eficácia da erradicação permanente no modelo animal é notável [45].

3.2.3 Pironinas

A pironina Y e a pironina B são estirpes biológicas muito importantes, utilizadas com o verde de metilo para demonstrar seletivamente o ARN (vermelho) em contraste com o ADN (verde) com o método de Unna-Pappenheim. É utilizada para tingir de vermelho carmesim o algodão tingido com tanino de seda. É utilizado para a deteção de mercúrio, estanho e prata [46].

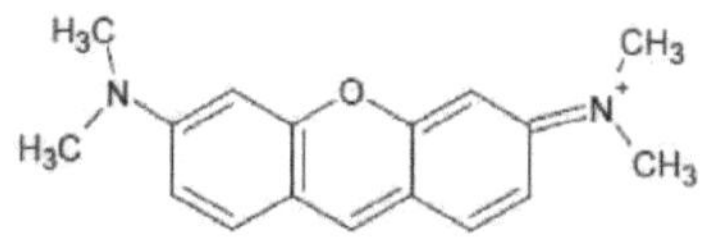

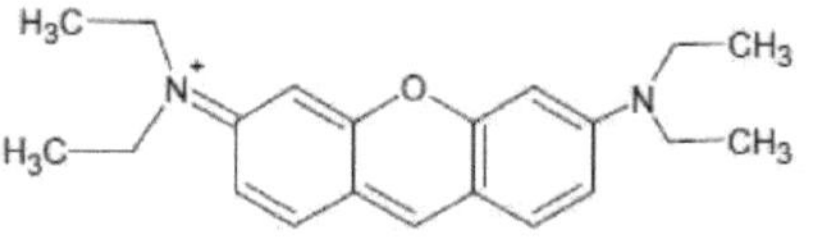

Fig 3.8 Pironinas

CAPÍTULO 4
EXPERIMENTAL

4.1 Materiais

Reagentes

Os reagentes adquiridos à Merck foram: benzaldeído, 4-nitrobezaldeído, 4-clorobenzaldeído, 4-metilbenzaldeído, 3,5-diclorobenzaldeído, 2-naftol, benzoilacetona, 1,3-difenil-1,3-propandiona, $Cu(OTf)_2$, 1,2-dicloroetano, diclorometano e areia do mar. Todos os reagentes foram utilizados tal como adquiridos aos fabricantes.

Solventes

O diclorometano e o 1,2-dicloroetano foram utilizados como fornecimentos. O acetato de etilo (99,9% de pureza) e o n-hexano (99% de pureza) foram novamente destilados no laboratório. A purificação do produto foi efectuada por cromatografia em coluna, realizada em gel de sílica 60 (70-230 mesh) adquirido à Merck. A TLC foi efectuada em folhas de alumínio pré-revestidas com sílica gel $60F_{254}$, adquirida à Merck, e as manchas foram visualizadas com luz UV (254/366 nm) utilizando uma lâmpada UV Camag.

4.2 Equipamento específico

Os espectros de RMN (^{1}H ve^{13}C) foram registados num Bruker Avance m 500 MHz no Laboratório do Departamento de Biologia da Universidade Técnica de Yildiz e no INOVA 500MHz no Laboratório de Análise Avançada da Universidade de Istambul. Foi utilizado clorofórmio como solvente.

Os espectros FTIR foram registados num espetrofotómetro Philips PU 9714 ATR utilizando o programa Perkin-Elmer Spectrum One no Laboratório de Análise Instrumental da Universidade Técnica de Yildiz.

Os espectros GC/MS foram registados no sistema Agilent 6890N GC-5973 IMSO Instrument no Laboratório de Análise Instrumental da Universidade Técnica de Yildiz.

Além disso, os pontos de fusão dos produtos purificados foram registados num Gallenkamp, um dispositivo que possui um termómetro digital para determinar o ponto de fusão com tubos capilares abertos.

As reacções assistidas por ultra-sons foram realizadas num aparelho de limpeza por ultra-sons modelo MIN4 (Intersonik, Turquia) com uma frequência de 25kHz, uma potência de saída de ultra-sons de 100W e aquecimento a 200W.

4.3 Procedimento geral para a síntese de hidrobenzo[f]cromen-2-ilfenilmetanona

4.3.1 Método de aquecimento convencional (método A)

A uma mistura de 0-naftol (1,0 mmol), aldeído (1,0 mmol) e compostos de 1,3-dicarbonilo (1,0 mmol) foi adicionado triflato de cobre (0,1 mmol) em 1,2-dicloroetano (2 mL). A mistura reacional foi vigorosamente agitada com um agitador magnético a 80^0 C durante um determinado período de tempo (tabela 4.1). O progresso da reação foi monitorizado por TLC. Após a conclusão da reação, a mistura foi diluída com 10 mL de acetato de etilo e água. A fase orgânica foi separada e a fase aquosa foi extraída com 10 mL de acetato de etilo três vezes. A fase orgânica recolhida foi seca sobre $MgSO_4$, filtrada e o solvente foi evaporado, tendo o produto em bruto sido purificado por cromatografia em coluna sobre gel de sílica com diclorometano: n-hexano como eluentes.

4.3.2 Método de irradiação por ultra-sons (método B)

A uma solução de $Cu(OTf)_2$ (0,1 mmol) em 2 mL de 1,2-dicloroetano adicionou-se o aldeído (1 mmol), o 2-naftol (1,0 mmol) e a 1,3-diona (1,0 mmol). A mistura reacional foi sonicada a 80^0 C num banho de ultra-sons durante o tempo mencionado. O frasco foi suspenso no centro do banho porque o frasco de reação estava localizado na área de energia máxima no limpador. O progresso da reação foi monitorizado por TLC. A fase aquosa foi extraída com EtOAc (3 x 10 mL). As fases orgânicas foram combinadas consecutivamente, secas sobre $MgSO4$ e filtradas. Os solventes foram removidos sob pressão reduzida. A mistura em bruto foi purificada por cromatografia em coluna (diclorometano: n-hexano).

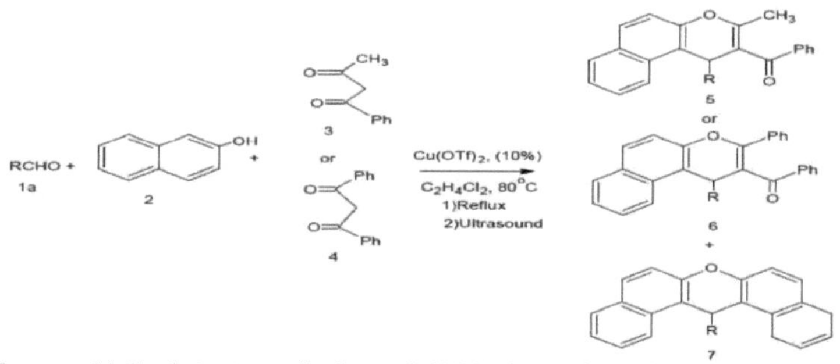

Esquema 4.1 Condensação catalisada por Cu(OTf)$_2$ de 0- naftol, aldeídos aromáticos e compostos 1,3- dicarbonílicos.

Quadro 1 Síntese do cromeno na presença de Cu(OTf)$_2$

Entrada	R	Produto	Estado	Tempo (h)	M.P(^{0} C)
1	3, 5-(Cl) C6H3	5a	MétodoA/MétodoB	5&2	249-250
2	p-(Cl) C6H4	5b	MétodoA/MétodoB	5&2	281-282
3	p-(NO$_2$) C6H4	5c	MétodoA	5	317-318
4	C6H5	6a	MétodoB	2	191
5	p-(Cl) C6H4	6b	MétodoB	2	-
6	p-(CH3) C6H4	6c	MétodoB	2	171.5
7	3, 5-(Cl) C6H3	6d	MétodoA/MétodoB	5&2	174.5

4.3.1 Composto 5a (C2 H718 Cl$_2$ O2)

(1-(3, 5-diclorofenil)-3 -metil-1 *H-benzo[/]* cromen-2-il)(fenil)metanona

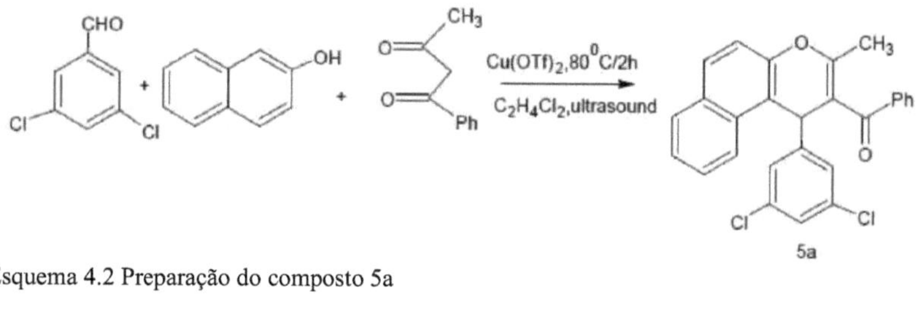

Esquema 4.2 Preparação do composto 5a

Mistura de eluentes: 2 hexano/1 diclorometano Cristal branco, M.P: 249-250 C°
Dados analíticos:
FTIR Ymax/crn[1] : 3058, 2921, 1730, 1619, 1592, 1514, 1468, 1403, 1241, 995, 807, 735.
^{1}HNMR(500MHz, CDCl3): 6 (ppm) 1,52 (3H, s, CH), 5,45 (1H, s, CH), 6,89-6,92 (2H, m, Ar-H), 7,27-7,31 (4H, m, Ar-H), 7,42-7,51 (2H, m, Ar-H), 7,59-7,63 (3H, m, Ar-H), 7,79-7,87 (3H, m, Ar-H).
[13]RMN de C (100MHz, CDCl3): 6 (ppm) 34.21, 40.10, 117.46, 118.09, 123.11, 124.55, 127.04, 128.40, 128.75, 129.11, 129.28, 130.88, 131.56, 132.68, 132.78, 142.22, 148.90.
M (m/z) = 445

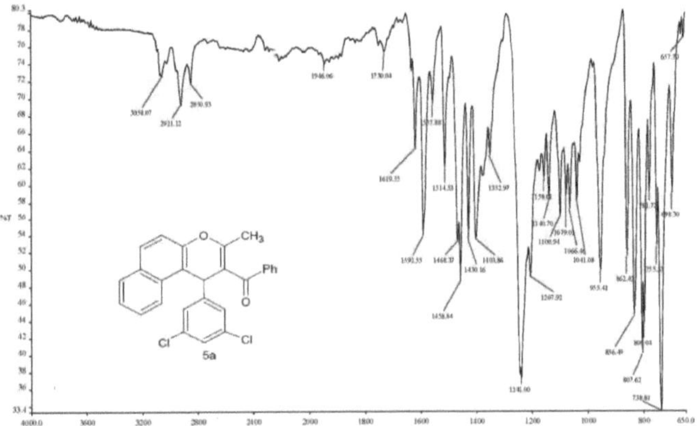

Fig 4.1 Espectro FTIR do composto 5a

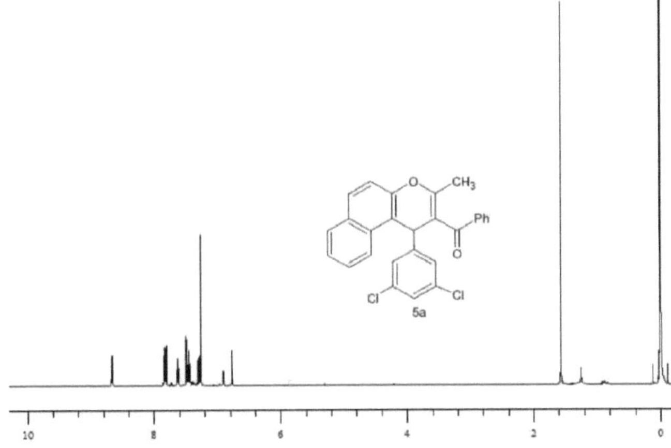

Fig 4.2[1] Espectro de RMN de H do composto 5a

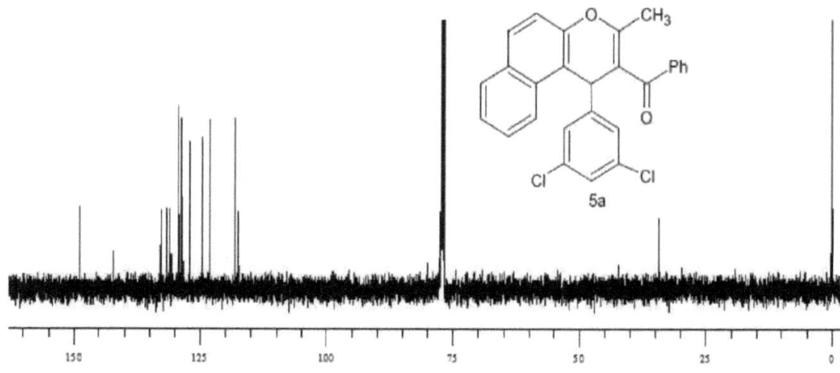

Fig 4.3^{13} Espectro de RMN de C do composto 5a

Fig 4.4 Espectro GC/MS do composto 5a

4.3.2 Composto 5b (C27H19 ClO)2
(1-(*4-clorofenil*)-3-metil-1 *H-benzof*] cromen-2-il)(fenil)metanona

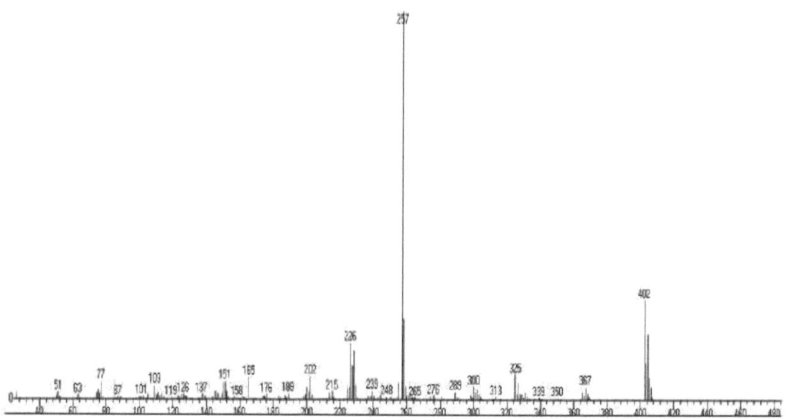

Esquema 4.3 Preparação do composto 5b
Mistura de eluentes: Ihexano/ 1 diclorometano
Cristal branco, ponto de fusão: 281-282 C^0
Dados analíticos:
FTIR Ymax/crn^{-1} : 3067, 2919, 1739, 1592, I486, 1231, 1083, 806, 741.
^{1}RMN de H (500MHz, CDCl3): 6 (ppm) 1.47 (3H, s, CH), 6.40 (1H, s, CH), 7.07-7.11(2H, d, J = 2.5Hz), 7.39-7.48 (5H, m, Ar-H), 7.54-7.60 (3H, m, Ar-H), 7.73-7.85 (4H, M, ArH), 8.28-8.31 (1H, d, J= 8.59Hz).
^{13}C NMR (100MHz, CDCl3): 6 (ppm) 37.34, 38.55, 116.71, 117.99, 122.37, 123.37, 124.34, 124.69, 126.65, 126.88, 127.35,128.35, 128.49, 128.61, 128.88, 128.96, 128.99, 129.06, 129.46, 131.01, 131.01, 131.21, 132.05, 143.43, 148.65.
M^+ (m/z) = 410

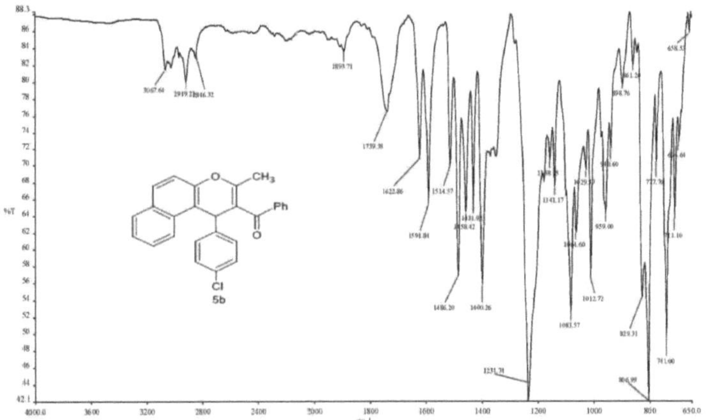

Fig 4.5 Espectro FTIR do composto 5b

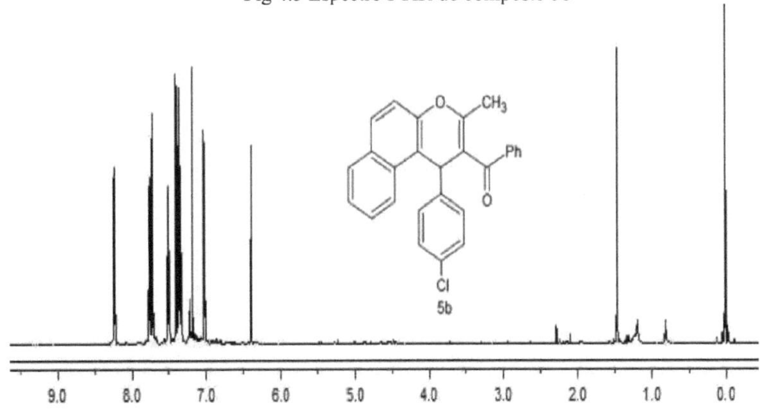

Fig 4.6^1 Espectro de RMN de H do composto 5b

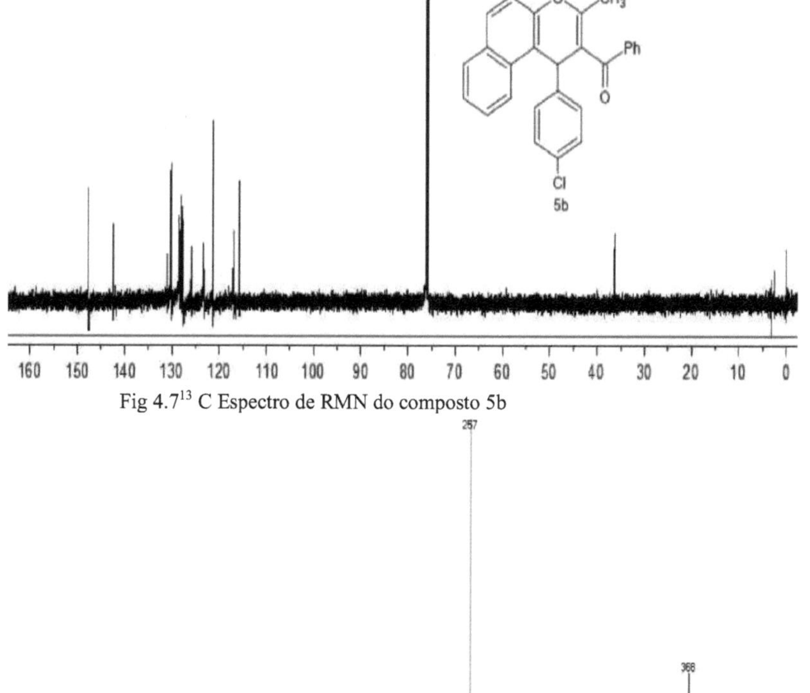

Fig 4.7 ^{13} C Espectro de RMN do composto 5b

Fig 4.8 Espectro GC/MS do composto 5b

4.3.3 Composto 5c (C2 H719 NO)4

(3-metil-1-(4-nitrofenil)-1 *H-benzof*] cromen-2-il)(fenil)metanona

Esquema 4.4 Preparação do composto 5c

Mistura de eluentes: 1 hexano/ 2 diclorometano

Cristal amarelo, ponto de fusão: 317,5-318,5 C^0

Dados analíticos:

FTIR Ymax/cm⁴ : 3064, 2927, 1726, 1590, 1507, 1399, 1236, 1106, 825, 740.

¹HNMR(500MHz, CDCl3): δ (ppm) 1.47 (3H, s, CH), 6.51 (1H, s, CH), 7.41-7.48 (3H, m, Ar-H), 7.50-7.52(2H, d, J= 8.90Hz), 7.58-7.62 (3H, m, Ar-H), 7.67-7.71 (2H, d, J = 8.80Hz), 7.82-7.88 (3H, m, Ar-H), 7.98-8.02 (2H, d, J = 8.80Hz).

³C NMR (100MHz, CDCl3): δ (ppm) 38.04, 43.55, 111.78, 114.72, 116.72, 117.04, 120.98, 122.83, 123.25, 123.77, 126.16, 127.35, 127.88, 128.04, 128.52, 128.56, 130.02, 130.04, 130.22, 132.41, 145.26, 146.68, 147.74, 148.57, 150.95, 152.34,189.71.

M^+ (m/z) = 421.

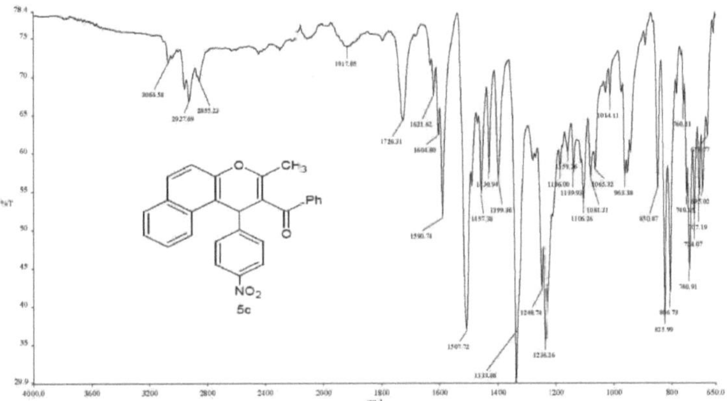

Fig 4.9 Espectro FTIR do composto 5c

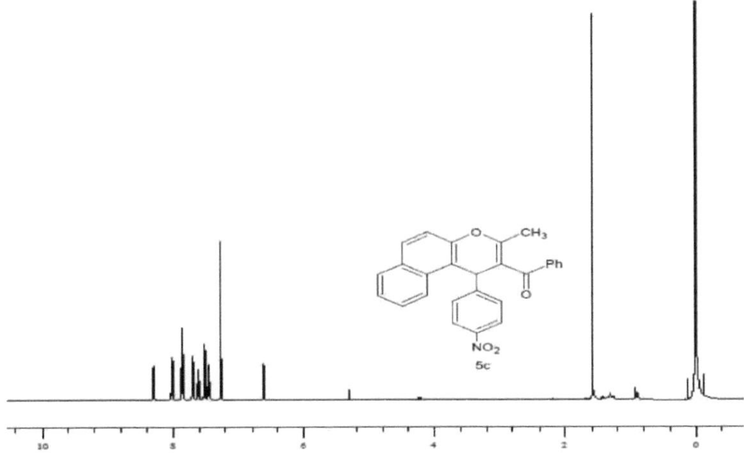

Fig 4.10¹ Espectro de RMN de H do composto 5 c

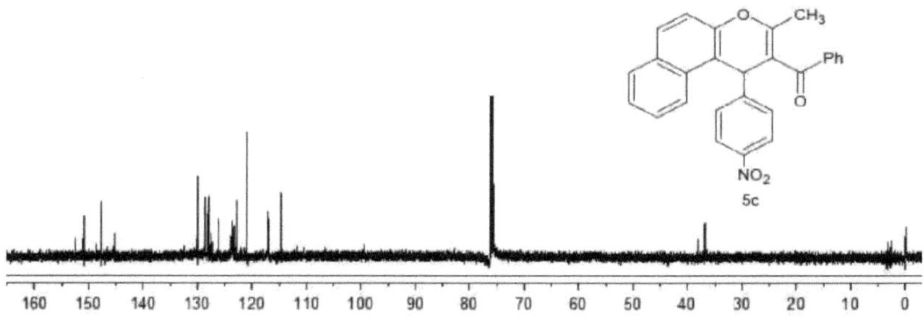

Fig 4.11[13] Espectro de RMN de C do composto 5c

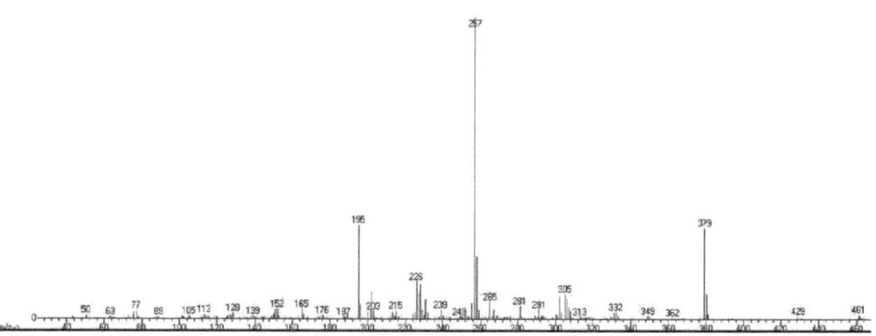

Fig 4.12 Espectro GC/MS do composto 5c

4.3.4 Composto 6a (C H O)$_{32222}$

(1, *3-difenil-lH-benzo* [/] cromen-2-il)(fenil)metanona

Esquema 4.5 Preparação do composto 6a

Mistura de eluentes: 3 hexano/ 2 diclorometano

Cristais brancos, ponto de fusão: 191 C^0

Dados analíticos:

FTIR $_{Ymax/cm^{-1}}$: 3055, 2874, 1664, 1596, 1445, 1330, 1224, 813, 728.

^{1}RMN de H (500MHz, CDCl3): 5 (ppm) 5,82 (1H, s, CH), 6,90-6,97 (2H, m, Ar-H), 6,997,10 (4H, m, Ar-H), 7,12-7,15 (4H, m, Ar-H), 7,28-7.33 (4H, m, Ar-H), 7.33-7.39 (5H, m, Ar-H), 7.73-7.75 (1H, d, J = 8.3 Hz), 7.84-7.88 (1H, d, J = 8.30Hz).

^{3}C NMR (100MHz, CDCl3): 5 (ppm) 40.32, 114.40, 115.34, 116.33, 122.52, 123.64, 125.64, 125.94, 126.15, 126.62, 126.85, 127.05, 127.45, 127.61, 127.66, 127.97, 128.05, 128.18, 128.63, 130.17, 130.37, 130.72, 131.43, 132.79, 137.58, 143.53, 147.71, 153.25, 196.99.

M$^+$ (m/z) = 438

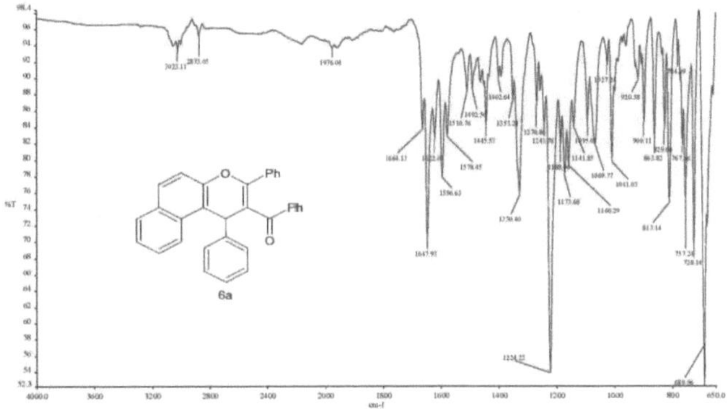

Fig 4.13 Espectro FTIR de 6a

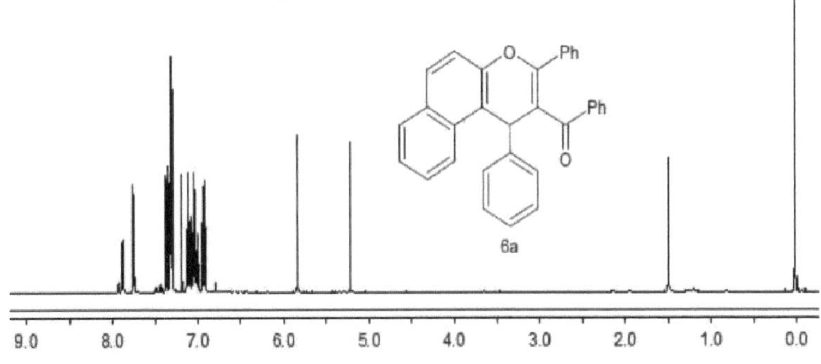

Fig 4.14^1 Espectro de RMN de H de 6a

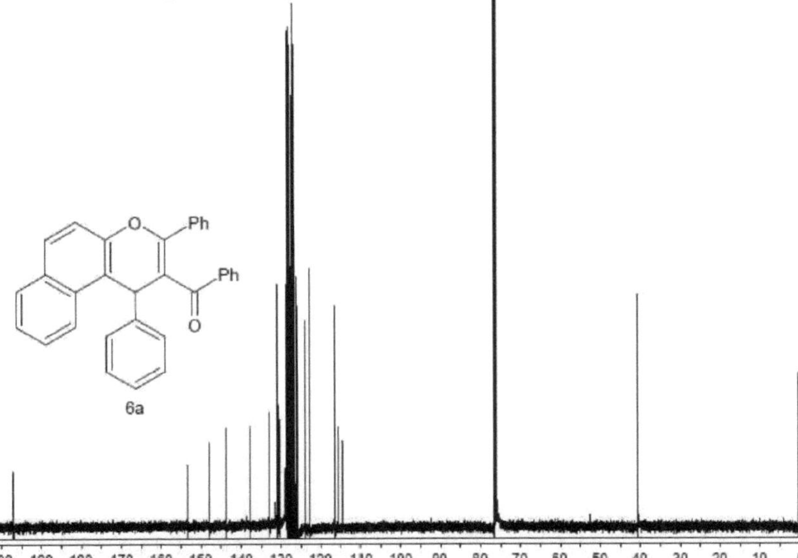

Fig 4.15^{13} Espectro de RMN de C do composto 6a

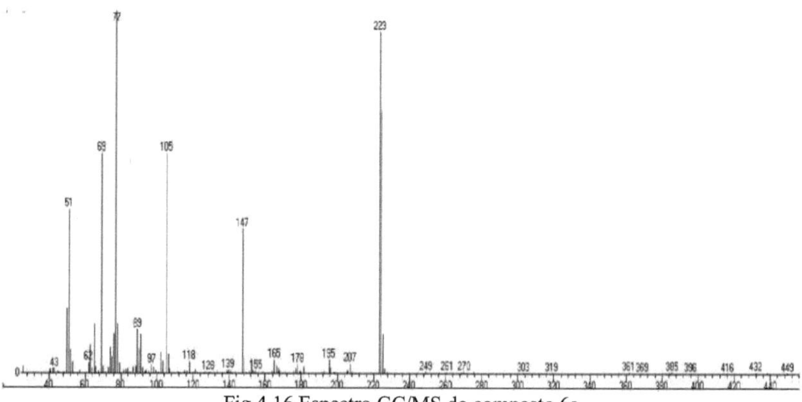

Fig 4.16 Espectro GC/MS do composto 6a

4.3.5 Composto 6b (C H$_{3221}$ ClO)$_2$
(1-(4-clorofenil)-3-fenil-1 *H-benzo*[/] cromen-2-il)(fenil)metanona

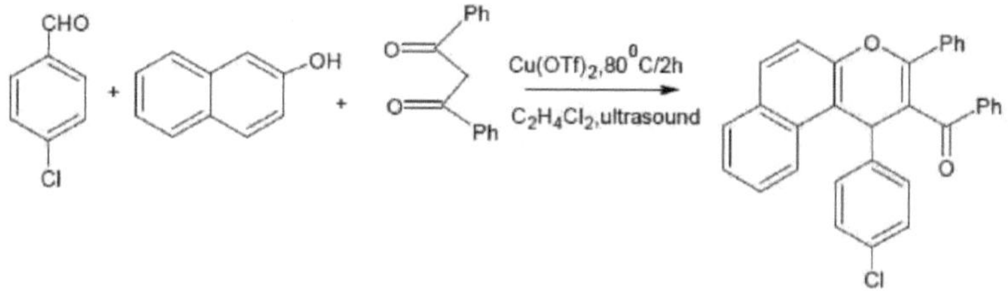

Esquema 4.6 Preparação do composto 6b

Mistura de eluentes: 2 hexano/ 1 diclorometano
Cristais brancos, ponto de fusão:
Dados analíticos:
FTIR $_{Ymax/cm}^{-1}$: 3055, 2958, 1723, 1628, 1590, I486, 1270, 1222, 1073, 729.
^{1}H NMR (500MHz, CDG3): 5 (ppm) 5,80 (1H, s, CH), 6,98-7,04 (3H, m, Ar-H), 7,087,18 (6H, m, Ar-H), 7,23-7,26 (2H, d, *J* = 8. 45Hz), 7,31-7,51 (6H, m, Ar-H), 7,81-7,85 (2H, d, *J*= 8,75Hz), 7,87-7,91 (2H, d, *J*= 8,35Hz).
^{3}C NMR (100MHz, CDCl3): 5 (ppm) 40.52, 114.70, 116.09, 117.33, 123.25, 124.84, 127.11, 127.16, 127.75, 127.92, 128.22, 128.60, 128.68, 128.78, 129.05, 129.23, 129.45, 129.90, 130.94, 131.41, 131.85, 132.37, 132.46, 133.60, 135.51, 138.49, 143.22, 148.63, 155.43, 185.76.
M$^+$ (m/z) = 472

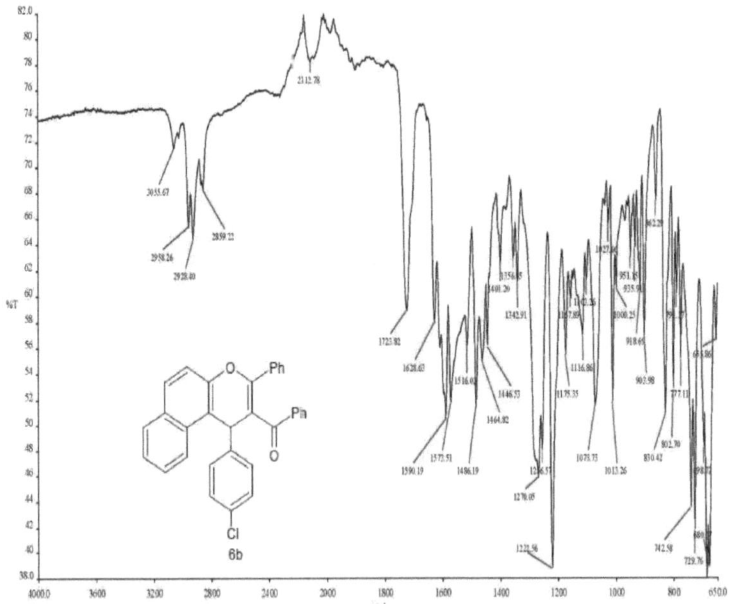

Fig 4.17 Espectro FTIR do composto 6b

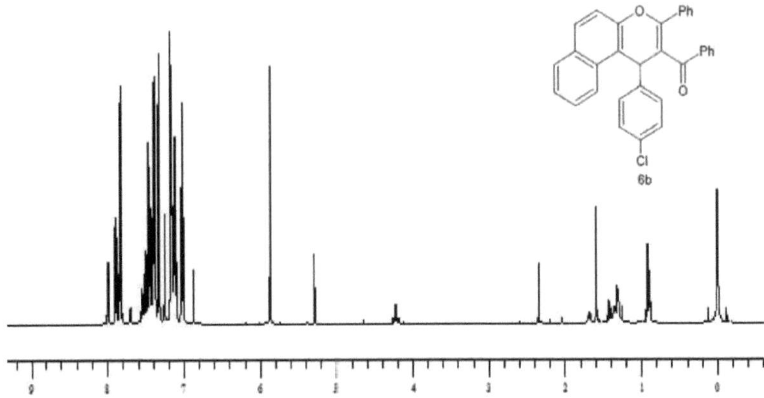

Fig 4.18^1 Espectro de RMN de H do composto 6b

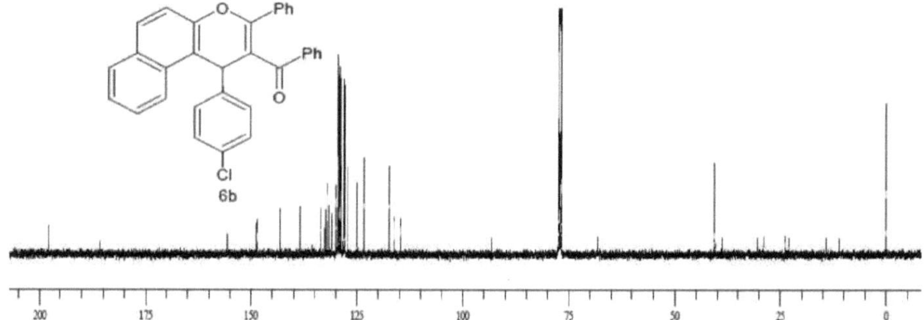

Fig 4.19[13] Espectro de RMN de C do composto 6b

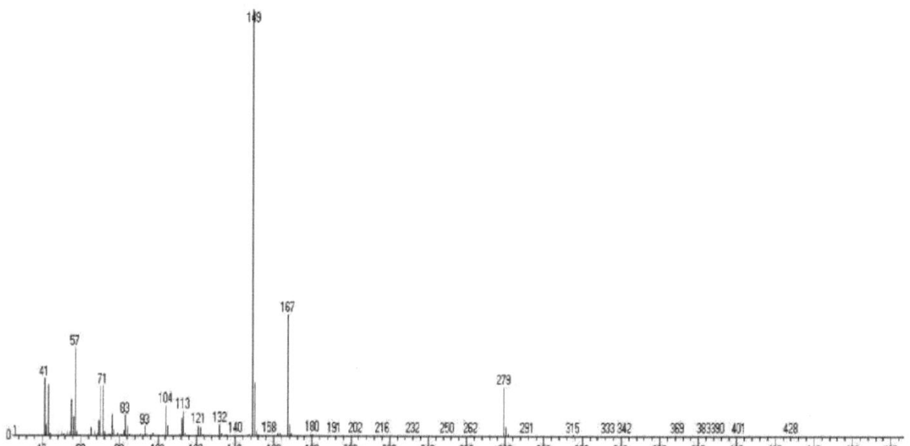

Fig 4.20 Espectro GC/MS do composto 6b

4.3.6 Composto 6c (C₃ 2H O)₂₄₂

(1-(4-metilfenil)-3-fenil-1 *H-benzo*[/] cromen-2-il)(fenil)metanona

Esquema 4.7 Preparação do composto 6c

Mistura de eluentes: 2 hexano/ 1 diclorometano
Cristais brancos, ponto de fusão: 171.5 C⁰
Dados analíticos:
FTIRYmax/cm⁴ : 3022, 2940, 1738, 1631, 1589, 1508, 1343, 1222, 903, 803.
¹HNMR(500MHz, CDCl₃): δ (ppm) 2,11 (3H, s, CH), 5,81 (1H, s, CH), 6,89-6,95 (5H, m, Ar-H), 7,02-7,11 (4H, m, Ar-H), 7,15-7,20 (2H, m, Ar-H), 7,29-7,38 (5H, m, Ar-H), 7,71-7,74 (4H, m, Ar-H).

30

^{13}C NMR (100MHz, CDCl3): δ (ppm) 19.97, 39.86, 114.51, 115.66, 116.33, 122.48, 123.61, 125.91, 126.15, 126.63, 26.83, 126.91, 127.44, 127.66, 127.84, 128.11, 128.23, 128.31, 128.61, 130.17, 130.37, 130.68, 132.84, 135.11, 137.62, 140.67, 147.61, 153.42, 196.92.
M (m/z) = 452.

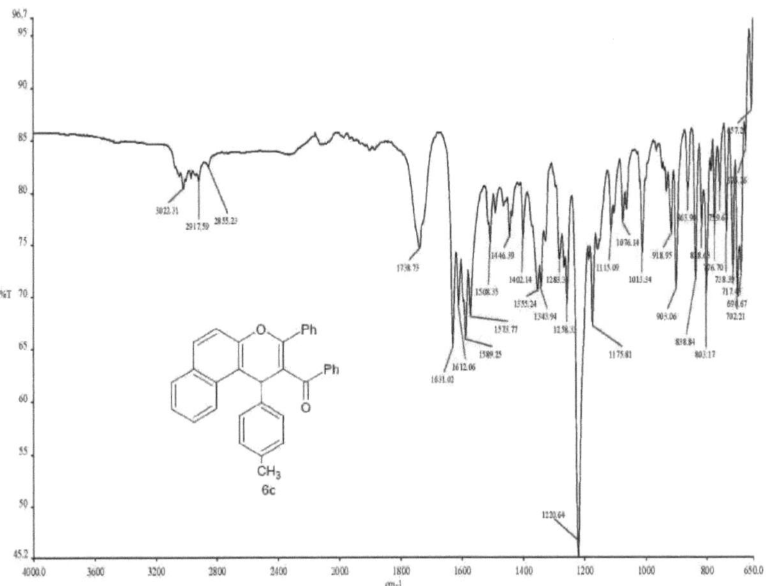

Fig 4.21 Espectro FTIR do composto 6c

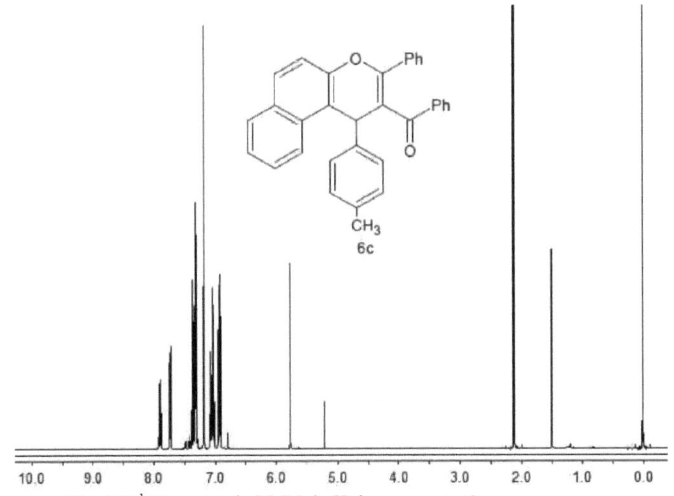

Fig 4.22[1] Espectro de RMN de H do composto 6c

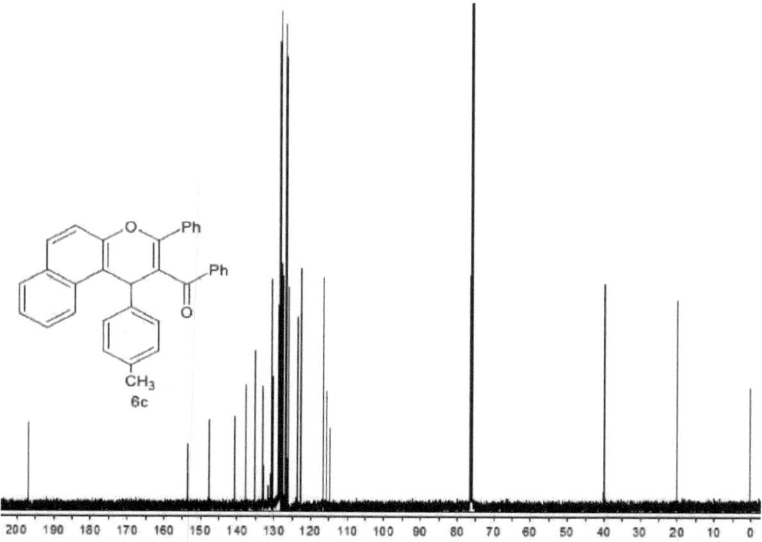

Fig 4.23[13] Espectro de RMN de C do composto 6c

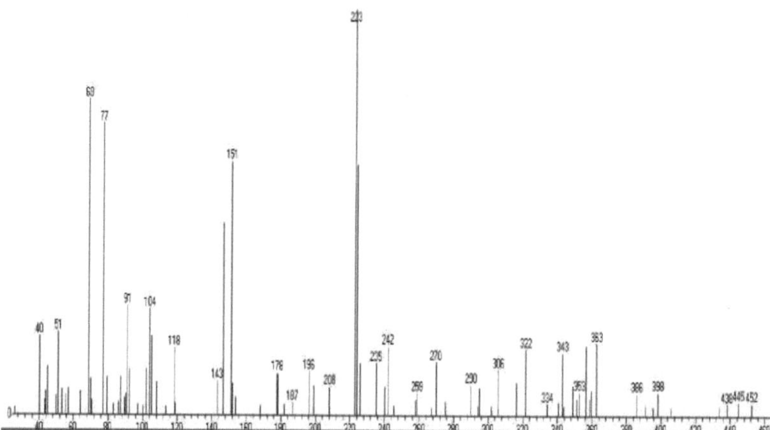

Fig 4.24 Espectro GC/MS do composto 6c

4.3.7 Composto 6d (QzH^ChOz)

(1-(3, 5-diclorofenil)-*3-fenil-lH- benzof/*]cromen-2-il)(fenil)metanona

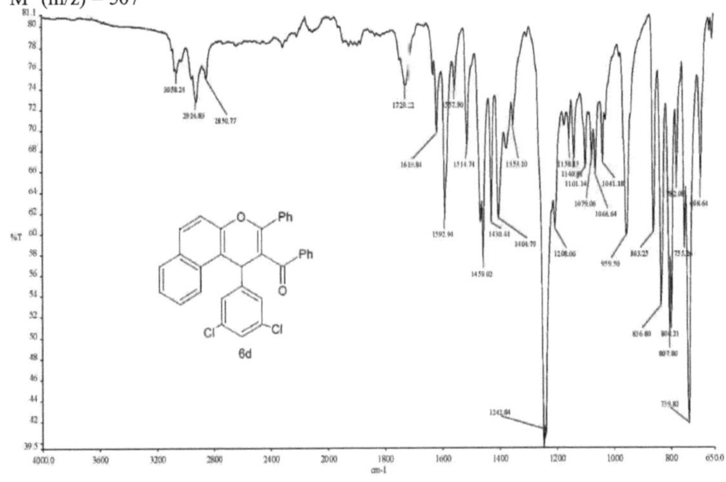

Esquema 4.8 Preparação do composto 6d

Mistura de eluentes: 2hexano/ 1 diclorometano
Cristais brancos, ponto de fusão: 174,5 C^0
Dados analíticos:
FTIR $Y_{max/cm^{-1}}$: 3058, 2924, 1729, 1619, 1592, 1459, 1247, 959, 807.
^{1}RMN de H (500MHz, CDCl3): 5 (ppm) 6,78 (1H, s, CH), 6,89-6,92 (2H, m, Ar-H), 7,237,32 (4H, m, Ar-H), 7,41-7,50 (5H, m, Ar-H), 7,61- 7,64 (3H, m, Ar-H), 7,78-7,87 (5H, m, Ar-H).
^{13}C NMR (100MHz, CDCl3): 5 (ppm) 34.21, 117.46, 118.09, 123.11, 124.55, 127.04, 128.40, 128.75, 129.11, 129.28, 130.56, 130.88, 131.56, 132.68, 132.78, 142.21, 148.90, 190.19.
M^+ (m/z) = 507

Fig 4.25 Espectro FTIR do composto 6d

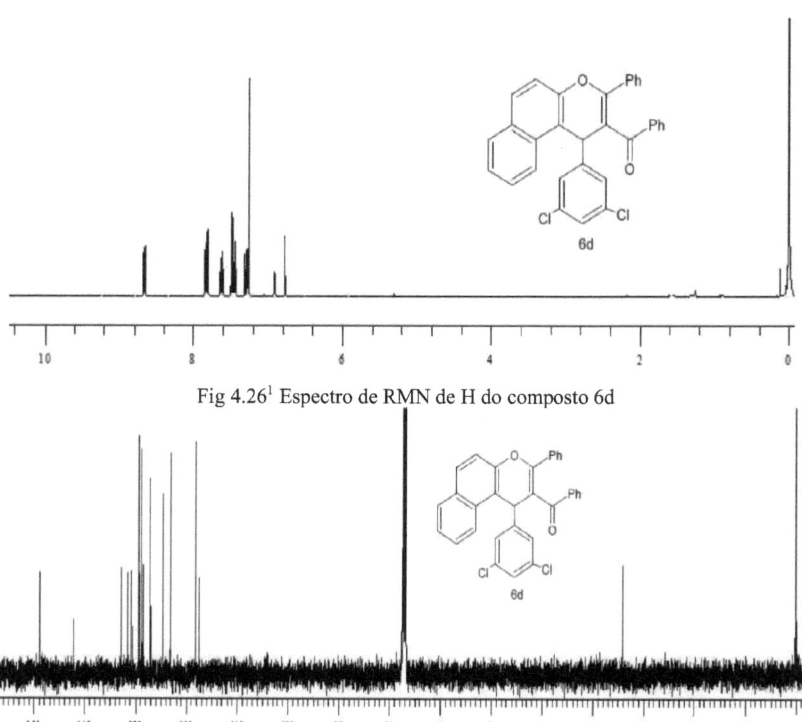

Fig 4.26^1 Espectro de RMN de H do composto 6d

Fig 4.27^{13} Espectro de RMN de C do composto 6d

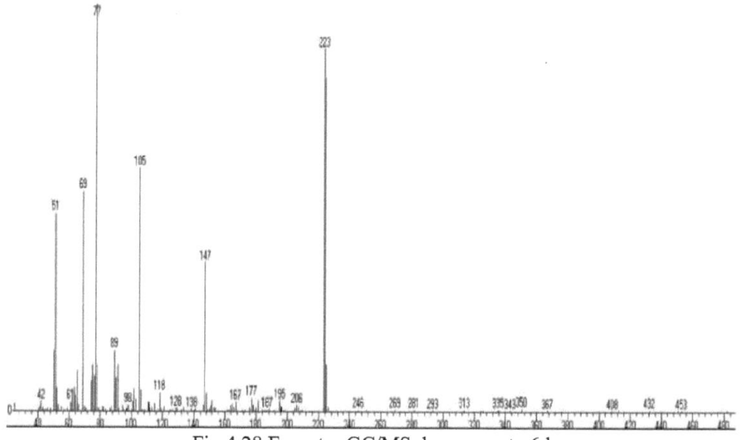

Fig 4.28 Espectro GC/MS do composto 6d

DEBATE E CONCLUSÃO

Existem várias vias disponíveis na literatura para a síntese de derivados de naftopiranos, incluindo o aprisionamento de benzenos por fenóis, reacções de acoplamento fenil-carbonilo de benzaldeídos e acetofenonas, ciclização de ésteres policíclicos de ariltriflatos, anulação de arienos por salicilaldeídos, ciclo-condensação entre aldeídos aromáticos 2-hidroxi e 2-teralona e um processo de benzilação-ciclização em cascata. Além disso, os *14H-dibenzo[a,j]*xantenos e produtos relacionados são preparados pela reação de P-naftol com formamida, 2-naftol-1-metanol e monóxido de carbono [47].

Recentemente, foram relatados vários procedimentos melhorados, incluindo a reação one-pot de P - naftol, compostos de 1, 3-dicarbonilo e aldeídos em várias condições para a síntese de benzoxantenos e compostos relacionados. A reação one-pot (método multicomponente) tem-se tornado um dos aspectos mais importantes da Química Orgânica. Por outro lado, a síntese orgânica assistida por ultra-sons (UAOS) como uma abordagem sintética verde é uma técnica poderosa que está a ser utilizada para acelerar as reacções orgânicas. Os triflatos de metais de terras raras, um novo tipo de ácido de Lewis, foram amplamente aplicados na síntese orgânica como catalisadores devido à sua baixa toxicidade, alta estabilidade, facilidade de manuseio, tolerância à água e recuperabilidade da água.

Na nossa investigação inicial, a reação de condensação de P-naftol, 1,3,-dionas (benzoilacetona ou 1, 3-difenil-1, 3-propandiona) com benzaldeído substituído foi realizada em 1, 2-dicloroetano durante 5h em condições de refluxo na presença de Cu(OTf)$_2$.

A fim de mostrar o efeito da irradiação ultra-sónica nessas reações, a síntese de compostos naftopirânicos foi comparada com as convencionais de aquecimento. Os resultados experimentais mostram que os tempos de reação são mais curtos sob ultra-sons.

Obtivemos sete novos compostos. Além disso, foi caracterizado um subproduto, o *14-aril-14H-dibenzo[a,j]*xanteno (esquema 4.1). Os resultados são apresentados na Tabela 4.1.

Em todos os casos, os aldeídos aromáticos substituídos por grupos doadores ou retiradores de electrões sofreram a reação sem problemas e deram os produtos em rendimentos moderados.

Um mecanismo provisório para a formação dos derivados 6 é apresentado no esquema 5.1, com base na literatura [20].

Esquema 5.1 Mecanismo proposto para a reação de condensação de aldeídos,
2-naftol e 1,3-dionas.

A reação pode ocorrer através do intermediário orto-quinona-metídeos que foi formado pela adição nucleofílica de 2-naftol ao aldeído catalisada com $Cu(OTf)_2$. Subsequente substituição do átomo de oxigénio, que foi coordenado por triflato de cobre, com compostos de 1, 3-dicarbonilo. Após a eliminação de uma molécula de água, foram obtidos os produtos 5 e 6. As estruturas dos produtos foram clarificadas por FTIR,[1] H NMR,[13] C NMR e dados espectrais GC/MS.

As bandas de absorção características dos grupos C=O (carbonilo) foram observadas a 1732-1729cm^{-1} nos espectros FTIR dos derivados de naftopirano.

R = -fenilo,
R[1] = -3, 5-(Cl) C H$_{63}$, -p-(Cl) C H$_{64}$, -p-(NO$_2$) C H$_{64}$, -C H$_{65}$, -p-(CH$_3$) C H R$_{64}^2$ = -CH$_3$, -fenil

Fig 5.1 Naftopirano

Os espectros[1] H e[13] C NMR de (5 &6) provaram que em solução $CDCl_3$. Todos os produtos exibiram um singleto nos espectros de RMN de[1] H de $\delta=$ 5,80-6,78 ppm para H-14 no anel de pirano e também um pico distinto em $\delta=$ 34,21-40,52 ppm para C-14 nos seus espectros de RMN de[13] C. As ressonâncias dos grupos carbonilo (C-16) nos espectros de RMN de[13] C dos compostos 5 e 6 apareceram a $\delta=$ 185,76-190,19 ppm.

Os átomos H de -CH$_3$ que pertencem aos compostos (5a-c) e 6c foram observados nas faixas de 1,47-1,49 ppm e 2,11 ppm, respetivamente. Por outro lado, em todos os novos compostos (5&6) os sinais pertencentes aos protões aromáticos variam entre 6,89-7,91ppm.

As estruturas de todos os compostos foram também confirmadas pelos seus dados espectrais GC-MS.

a=43, b=76, c=111, d=126

Fig 5.2 M/z do composto 5b

Em resumo, desenvolvemos um método eficiente e suave para a preparação de metanonas (1- substituídas por fenil-3-metil-1 *H-benzo*[/]cromen-2-il)(fenil) e metanonas (1- substituídas por fenil-3-fenil-1 *H-benzo*[/] cromen-2-il)(fenil). Este método é eficientemente promovido pelo $Cu(OTf)_2$. Trata-se de um catalisador reciclável.

Neste estudo, comparámos o método de ultra-sons com o aquecimento convencional. As vantagens do método de ultra-sons são os tempos de reação curtos, a simplicidade de trabalho e o respeito pelo ambiente.

CURRICULUM VITAE

Informações pessoais

Nome	: Tamrat ZELEKE
Data de nascimento e local	: 19/11/1984-Hossa'en
Língua estrangeira	: Inglês e turco
Correio eletrónico	: yimanutamrat@yahoo.com

Formação académica

nível	Área	Escola/Universidade	Ano de graduação
Mestre	Química Orgânica	Universidade Técnica de Yıldiz	2012
Grau	Química	Universidade de Alemaya	2006
Ensino secundário	Ciências Naturais	Escola Secundária de Wachamo	2002

Experiência profissional

Ano	Organização	Posição
2008-2009	Ministério da Educação	Assistente graduado
		na Universidade de Samara
2006 -2008	Ministério da Educação	Professor do ensino secundário

REFERÊNCIAS

Wikipédia, A Enciclopédia Livre, Pyran,

http://en.wikipedia.org/wiki/Pyran, 19Maio2012.

Wikipédia, A Enciclopédia Livre, Pyran, http://en.wikipedia.org/wiki/
pyrones, 29 de agosto de 2011.

Wikipédia, A Enciclopédia Livre, Pyran, http://en.wikipedia.org/wiki/
Benzopyran, 29 de fevereiro de 2012.

Ellis, G.P. ve Lockhart, I.M., (2007). A Química dos Heterocíclicos
Compounds, Chromans and Tocopherols, Edição de 1981, Wiley-
Interscience, Reino Unido.

S.E. Smith, What is Coumatin, www.wisegeek.com/what-is-coumarin.htm,
12 de maio de 2012.

Wikipédia, A Enciclopédia Livre, Coumarin, http: //en.wikipedia.org/wiki/
Coumarin, 29Maio2012.

Lei Yu, Jian-Fang Ga e Ling-Hua Ca, (2009), Journal of the Chinese
Chemical Society, 56:1175-1179.

Wikipédia, A Enciclopédia Livre, Flavonoides, http ://en. wikipedia.
org/wiki/Flavonoid, 29 de maio de 2012.

Joule, J.A. ve Mills, K., (2010). Heterocyclic Chemistry, Fifth Edition,
Wiley, UK.

N.O. Obi-Egbedi, I.B. Obot (2012). "Comportamento de adsorção e
potencial inibidor de corrosão do xanteno na interface aço macio/ácido

sulfúrico", Arabian Journal of Chemistry, 5:121-133.

Myron M.Johnson, Jeremy M.Naidoo, Manuel A.Fernandes, Edwin M.Mmutlane, Willem A. L.van Otterlo, e Charles B. de Koning, (2010). "Oxidações mediadas por CAN para a síntese de xantonas e produtos relacionados", J.Org. Chem, 75: 8701-8704.

Minoo Dabiri, Zeinab Norcozi Tisseh, e Ayoob Bazgir, (2010). "Uma síntese eficiente de três componentes de benzoxantenos em água", J. Heterocyclic Chem, 47:1062-1065.

Hong-Juan Wang, Xiao-Qian Ren, Yan-Yan Zhang e Zhan-Hui Zhang, (2009). "Síntese de Derivados 12-Arilo ou 12-Alquil-8, 9, 10, 12tetrahidrobenzo[a]xanteno-11-ona Catalisada pelo Ácido Dodecatungstofosfórico", J. Braz. Chem. Soc., 20: 1939-1943.

Timothy J. Mason, (1997). "Ultrassons em química orgânica sintética", Chemical Society Reviews, 26: 443-451.

Bi Bi Fatemeh Mirjalili, Abdolhamid Bamoniri, Ali Akbari, (2011). "Síntese de 14-aril ou alquil-14H-dibenzo[a,j]xantenos promovida por Mg(HSO)$_{42}$ ", Chinese Chemical Letters, 22: 45-48.

Gholam Hossein Mahdavinia, Shahnaz Rostamizadeh, Ali Mohammad Amani, Zynab Emdad,(2009). "Síntese mais verde promovida por ultrassom de aril-14-H- dibenzo [a, j] xantenos catalisada por NH4H2PO4 / SiO2 em água", Ultrasonics Sonochemistry 16: 7-10.

Nader Ghaffari Khaligh, (2012). "Sulfato de hidrogénio de poli(4-vinilpiridínio): Um catalisador novo e eficiente para a síntese de 14-aril-

14H-dibenzo[a, j]xantenos sob aquecimento convencional e irradiação de ultrassom", Ultrasonics Sonochemistry 19 :736-739.

Wikipédia, A Enciclopédia Livre, Trifluorometanosulfonato, http://en. Wikipedia .org/wiki/Trifluorometanossulfonato, 6 de maio de 2012.

Weike Su, Dong Yang, Can Jin, Bo Zhang, (2008). "Yb(OTf)3 catalisa a reação de condensação de b-naftol e aldeído em líquidos iónicos: uma síntese verde de aril-14H-dibenzo[a, j]xantenos, Tetrahedron Letters", 49: ·33913394.

Jianjun Li, Wenyuan Tang, Linmei Lu, Weike Su, (2008). "Triflato de estrôncio

Catalyzed One-pot Condensation of 0-naphthol, Aldehydes, Cyclic 1, 3 - dicarnonyl compounds", Tetrahedron Letter, 49: 7117-7120.

Iraj Mohammadpoor-Baltork, Majid Moghadam, Valiollah Mirkhani, Shahram

Tangestaninejad, Hamid Reza Tavakoli, (2011). "Síntese altamente eficiente e ecológica de 14-aril (alquil) -14Hdibenzo[a,j]xanteno e 1,8 derivados de dioxoocta-hidroxanteno catalisados por triflato de zirconilo reutilizável [ZrO(OTf)2] em condições sem solventes", Chinese Chemical Letters, 22: 912.

Jianjun Li, Lingmei Lu, Weike Su, (2010). "Uma nova estratégia para a síntese de benzoxantenos catalisados por triflato de prolina em água", Tetrahedron Letters, 51: 2434-2437.

Kuo, Chih-Wei e Fang, Jim-Min (2001). "Sínteses de xantenos, indanos e tetrahidronaftalenos através de reacções de acoplamento intrameleculares de fenil-carbonilo", Synthetic Communications, 31:6,877 - 892.

Kentaro Okuma, Akiko Nojima, Nahoko Matsunaga, e Kosei Shioji, (2009). "Reação de Benzina com Salicilaldeídos: General Synthesis of Xanthenes, Xanthones, and Xanthols", Org. lett.,11:169-171.

Xiaobing Xu, Xiaolei Xu, Honfeng Li, Xin Xie, e Yanzhong Li, (2010). "Síntese one-pot de xantenos 9-substituídos por um processo de benzilação-ciclização em cascata", Org. let., 12: 100-103.

Bahador Karami, S. Jafar Hoseini, Khalil Eskandari, Abdolmohammad Ghasemi eHassan Nasrabadi, (2012). "Síntese de derivados de xanteno empregando nanopartículas de $Fe_3 O.|$ como um   eficaz e magneticamente

catalisador recuperável em água", Catal. Sci. Technol., 2: 331-338.

Minoo Dabiri, Seyyedeh C. Azimi, Ayoob Bazgir, (2008). "Síntese de derivados de xanteno em condições sem solventes", Chemical Papers, 62: 522-526.

Abbas Rahmati (2010). "Um método rápido e eficiente para a síntese de 14H-dibenzo[a.j]xantenos, aril-5H-dibenzo [b.i]xanteno-5,7,12,14-(13H)-tetraona e 1,8-dioxo-octa-hidroxantenos por líquido iónico ácido", Chinese Chemical Letters, 21: 761-764.

Mozhdeh Seyyedhamzeh, Peiman Mirzaei, Ayoob Bazgir,(2008). "Síntese sem solventes de aril-14H-dibenzo[a,j]xantenos e 1,8-dioxo-octa-hidro-xantenos utilizando ácido sulfúrico de sílica como catalisador", Dyes and

Pigments, 76: 836839.

Hamid Reza Tavakoli, Hassan Zamani, Mohammad Hassan Ghorbani,Hossein Etedali Habibabadi, (2009). "Síntese sem solventes de 14-aril(alquil)-14H- dibenzo[a,j]xanteno, 9-aril(alquil)-3,3,6,6-tetrametil-3,4,5,6,7,9-hexahidro- 2H-xanteno-1,8-diona e 2-Amino-5,6,7,8-tetrahidro-5-oxo-4-aril-7,7- dimetil-4H-benzo-[b]-pirano utilizando InCl3 como catalisador", Iranian Journal of Organic Chemistry, 2 :118-126.

Ji-Quan Wang e Ronald G. Harvey, (2002). "Síntese de xantenos e furanos policíclicos através da ciclização catalisada por paládio de ésteres de ariltriflato policíclicos", Tetrahedron let., 58: 5927-5931.

Amitabh Jha e Jennifer Beal, (2004). "Síntese conveniente de 12H-benzo[a]xantenos a partir de 2-tetralona", Tetrahedron Letters, 45: 8999-9001.

Ganesh Chandra Nandi, Subhasis Samai, Ram Kumar, M.S. Singh, (2009). "An efficient one-pot synthesis of tetrahydrobenzo[a]xanthene-11-one and diazabenzo[a]anthracene-9, 11-dione derivatives under solvent free condition", Tetrahedron, 65: 7129-7134.

Atul Kumar, Siddharth Sharma, Ram Awatar Maurya, e Jayant Sarkar, (2010). "Síntese orientada para a diversidade de bibliotecas de benzoxanteno e benzocromeno através de reacções one-pot de três componentes e sua atividade antiproliferativa", J.Comb. Chem., 12: 20-24.

Hong-Juan Wang, Xiao-Qian Ren, Yan-Yan Zhang e Zhan-Hui Zhang, (2009). "Síntese de Derivados 12-Arilo ou 12-Alquil-8,9,10,12-

tetrahidrobenzo[a]xanteno-11-ona Catalisada pelo Ácido

Dodecatungstofosfórico", J. Braz. Chem. Soc.,20: 1939-1943

Ram Kumar, Ganesh Chandra Nandi, Rajiv Kumar Verma, M. S. Singh,

(2010). "A facile approach for the synthesis of 14-aryl- or alkyl-14H-

dibenzo[*a,j*] xanthene under solvent-free condition", Tetrahedron Letters

51:442- 445.

Li-Qiang Wu, Li-Min Yang, Xiao Wang e Fu-Lin Yan, (2010). "Síntese

one-pot catalisada por cloreto de sílica de 13-aril-indeno[1,2-b]nafta[1,2-

e]pirano-12(13H) uns em condições sem solventes", Journal of the Chinese

Chemical Society, 57:738 -741.

Rajan Giri, John R. Goodell, Chenguo Xing, Adam Benoit, Harneet Kaur,

Hiroshi Hiasa, David M. Ferguson, (2010). "Síntese e citotoxicidade em

células cancerígenas de xantenos substituídos", Bioorganic & Medicinal

Chemistry 18:1456-1463.

Kelly Chibale, Mark Visser, Donelly van Schalkwyk, Peter J. Smith,

Ahilan Saravanamuthu e Alan H. Fairlamb, (2003). "Explorando o

potencial dos derivados do xanteno como inibidores da tripanotiona

redutase e agentes potenciadores da cloroquina", Tetrahedron, 59: 2289-

2296.

Hisato Kato, Keiko Komagoe, Yuka Nakanishi, Tsuyoshi Inoue e Takashi

Katsu, (2012). "Xanthene Dyes Induce Membrane Permeabilization of

Bacteria and Erythrocytes by Photoinactivation", Photochemistry and

Photobiology, 88: 423-431.

J.Berni, A. Rabossi, L.M. Pujol-Lereis, D.S. Tolmasky, L.A. Quesada-Allue, (2009). "A floxina B afecta o metabolismo do glicogénio nas fases larvares de Ceratitis capitata (Diptera: Tephritidae)", Pesticide Biochemistry and Physiology 95:1217.

Vagner Roberto Batistela, Diogo Silva Pellosi, Franciane Dutraden Souza, Willian Ferreirada Costa, Silvana Mariade Oliveira Santina, Vagner Robertode Souza,Wilker Caetano, Hueder Paulo Moisesde Oliveira, Ieda Spacino Scarminio, NoboruHioka, (2011). "Determinações de pKa de derivados de xanteno em soluções aquosas por análise multivariada aplicada a dados espectrofotométricos de UV", Spectrochimica ActaPartA: xxx :xxx-xxx.

Mohsen Taziki, Farzaneh Shemirani, Behrooz Majidi, (2012). "Líquido iónico robusto contra concentrações elevadas de sal para pré-concentração e determinação de rodamina B", Tecnologia de Separação e Purificação, xxx:xxx-xxx.

Pourya Biparva, Elias Ranjbari, Mohammad Reza Hadjmohammadi, (2010).

"Application of dispersive liquid-liquid microextraction and spectrophotometric detection to the rapid determination of rhodamine 6G in industrial effluents", Analytica Chimica Ata, 674:206-210.

Charlotte Jacobs, (1990). Carcinomas da cabeça e do pescoço: Avaliação e Management, Kluwer Academic Publishers, Boston, EUA.

Rajbir Singh, (2002). Synthetic dye, mittal publications, Índia.

Asish K. Bhattacharya, Kalpeshkumar C. Rana, Mohammad Mujahid, Irum Sehar, Ajit K.saxena, (2009). "Síntese e estudo in vitro de *14-aril-1414H*-dibenzo[a,j]xantenos como agentes citotóxicos, Bioorganic and Medicinal Chemistry Letters", 19: 5590-5593.

Printed by Books on Demand GmbH, Norderstedt / Germany